LES

CAVERNES DE LA GRANDE-CHARTREUSE

ET DU VERCORS

PAR

E.-A. MARTEL

⁂

GRENOBLE

IMPRIMERIE ALLIER FRÈRES

26, Cours Saint-André, 26

—

1900

LES

CAVERNES DE LA GRANDE-CHARTREUSE

ET DU VERCORS

PAR

E.-A. MARTEL

GRENOBLE

IMPRIMERIE ALLIER FRÈRES

26, Cours Saint-André, 26

—

1900

———

Extrait de l'*Annuaire de la Société des Touristes du Dauphiné*,
Année 1899.

———

LES

CAVERNES DE LA GRANDE-CHARTREUSE

ET DU VERCORS

Il y a trois ans, j'ai donné, ici-même, le récit détaillé de mes premières recherches souterraines dans les cavités naturelles du Dauphiné, *scialets* du Vercors et *chouruns* du Dévoluy (*Les abîmes du Dauphiné*, Annuaire S. T. D. pour 1896, pp. 133-192). A la fin de ce compte rendu, j'exprimais le vœu que le sous-sol des Alpes calcaires de France fût scruté avec le même soin que celui du Karst autrichien et des Causses cévenols : on sait comment M. O. Décombaz, de Pont-en-Royans, a heureusement répondu à cet appel ; son article dans l'avant-dernier Annuaire S. T. D. (1898, pp. 102-153) et ses deux mémoires publiés par la Société de Spéléologie (nos 13, mai 1898, et 22, décembre 1899) ont fait voir, conformément à mes prévisions, combien de belles et importantes choses restaient et restent encore à découvrir parmi les cavités dauphinoises ; celle de Bournillon, entre autres, dont la révélation inattendue est la principale découverte de M. Décombaz, doit figurer maintenant parmi les plus remarquables de France, à côté des innovations de Bramabiau, Padirac, Dargilan et l'Aven Armand, à cent coudées au-dessus des souterrains classiques, mais trop surfaits, d'Osselle (Doubs), d'Arcy-sur-Cure (Yonne), de Rancogne (Charente), de Miremont (Dordogne), etc.

En 1899, j'ai eu le plaisir de reprendre mes trop courtes investigations de 1896, et de pouvoir consacrer quatre semaines à l'étude des cavernes du massif de la Grande-Chartreuse, à l'achèvement de l'exploration du Brudoux (forêt de Lente), à l'examen de plusieurs scialets du Vercors, à de vaines tentatives de pénétration dans les sources du Cholet et d'Archianne, et enfin à l'investigation de quelques uns des grands puits à neige du Dévoluy. Cette dernière partie sera relatée dans le bulletin de la Société d'études des Hautes-Alpes ; les quatre autres vont faire l'objet du présent travail.

I.— Cavernes du massif de la Grande-Chartreuse.

C'est sur les instances réitérées de mon distingué ami H. Ferrand que j'ai effectué enfin l'inspection longtemps différée des cavernes des deux Guiers ; la

lecture de son beau livre « les montagnes de la
Grande-Chartreuse » et la vue de ses suggestives il-
lustrations m'avaient convaincu de la nécessité de
fournir une description précise et un plan topographique, encore inexistants, de ces *trous* peu visités : bien
que je n'y aie guère découvert de galeries nouvelles,
ni rencontré les immenses ramifications et communi-
cations dont on espérait l'existence de l'une à l'autre
grotte, j'ai été vivement intéressé par leurs dispositions
intérieures, par leur rôle hydrologique, et par la
lumière qu'elles contribuent à jeter sur le phénomène,
si nouvellement expliqué d'après mes explorations, des
sources à débit variable et à trop-pleins temporaires.

En l'aimable société et avec l'efficace concours de
M. H. Ferrand, dont la connaissance approfondie de
toute cette région et les relations personnelles ont singulièrement facilité et agrémenté la besogne, j'ai ins-
pecté, du 10 au 16 juillet 1899, les grottes des Échelles,
de la source du Guiers-Mort, du Trou du Glas et de la
source du Guiers-Vif. Voici le procès-verbal raisonné
de nos excursions.

1° GROTTES DES ÉCHELLES

Au Nord de Saint-Laurent-du-Pont, sur la route de
Chambéry, elles sont trop connues et trop visitées, depuis que le Club Alpin les a pourvues de passerelles et
d'aménagements très confortables et fort bien compris,
pour que je m'attarde à les décrire. Les détails donnés par MM. Martin-Franklin et L. Vaccarone (*Notice
historique sur les grottes des Échelles*, in-8° Chambéry,
1887) et reproduits par Joanne (Guide des Alpes Dau-

phinoises et nouveau Dictionnaire géographique de la France) sont suffisamment exacts et circonstanciés. Seuls l'origine et le fonctionnement de ces cavernes m'arrêteront pour quelques pages.

Rappelons sommairement la très originale disposition de la localité.

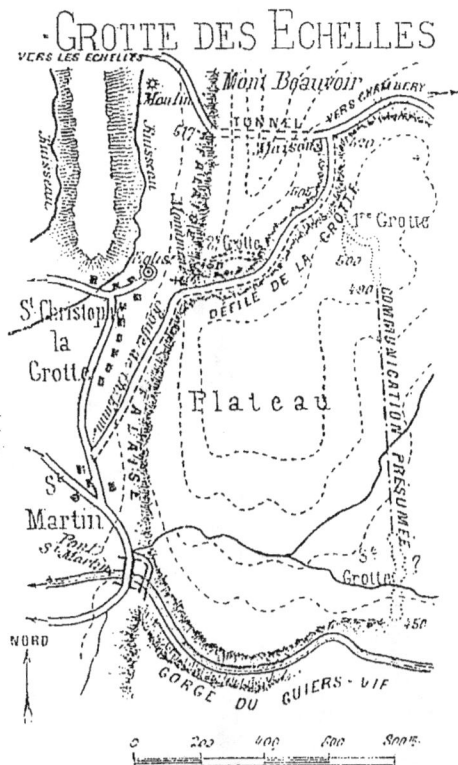

Au Nord-Est du bourg des Échelles et de la plaine alluviale où confluent les torrents des deux Guiers, plusieurs ravinements des pentes méridionales du mont

j. — Première grotte des Échelles. — Vue prise de l'intérieur vers la sortie
(fissuration de la falaise).
(Communiqué par la Société de Spéléologie.)

11 — Grotte des Échelles Entrée en amont de la 2me grotte.
Communiqué par la Société de Spéléologie.

Beauvoir (1327 mètres) convergent vers une dépression ou rigole naturelle qu'a empruntée la route nationale venant de Chambéry. Au point précis (environ 520 mètres d'altitude) où cette route s'engage dans le tunnel inauguré en 1820, la dépression tourne brusquement à main gauche, presque à angle droit vers le Sud, et se creuse dès lors profondément (30 à 40 mètres) en se rétrécissant. C'est le très pittoresque défilé des Échelles, long d'environ 800 mètres (jadis appelé *la Crotte*), où la route célèbre, établie d'abord par les Romains, puis par Charles Emmanuel II (de 1667 à 1670), n'est plus, pratiquement, accessible aux voitures; le défilé, artificiellement agrandi par ces travaux historiques, représente une de ces étroites gorges de montagnes, telles que le Trient, le Fier et les *Klamme* autrichiennes; mais il est complètement sec, du moins pendant la belle saison; le torrent qui l'a approfondi et parcouru jadis n'y circule plus qu'après les fortes pluies, dans une grande diaclase de ce calcaire urgonien qui constitue toutes les cimes, les hauts plateaux et les falaises du massif de la Chartreuse; l'extrême fissuration (dans tous les sens) de la roche en cet endroit favorisait tout particulièrement le travail d'érosion et de corrosion des eaux sauvages; elle explique à elle seule l'origine très simple des deux grottes des Échelles, qui, dans l'une et l'autre paroi du défilé, se sont établies en qualité de *dérivations latérales* du torrent, l'une à gauche, l'autre à droite, véritable *fuites*, ayant de plus en plus drainé l'eau du torrent et accentué l'assèchement progressif, aujourd'hui réalisé pour la majeure partie de l'année, d'un courant d'eau jadis beaucoup plus abondant (vue I).

La première des deux grottes s'ouvre donc, à main gauche en descendant le défilé, à 200 mètres environ de la route de Chambéry et du tunnel. Elle offre tous les caractères particuliers aux grottes excavées par les ruisseaux souterrains, — aux dépens des diaclases amenant les eaux de pluie par les fentes supérieures, et des joints de stratification agrandis pour établir la communication entre les diverses fissures : marmites torrentielles, cupules des parois, petits dômes des voûtes, dépôts de sables et d'argile, petits bassins de retenue, alternance de rétrécissements et d'élargissements dont l'un (à 500 mètres d'altitude) forme la *grande salle* haute de 20 mètres ; à ce point de vue ce couloir est vraiment curieux, mais on a singulièrement exagéré la beauté de ses concrétions (H. de Thiersant, *La Nature*, 5 novembre 1898), qui n'ont absolument rien de notable, ainsi que la longueur de sa partie accessible qui est seulement de 250 mètres environ ; à cette distance on a réalisé une descente totale d'une quinzaine de mètres depuis l'entrée (soit de 505 à 490 mètres d'altitude) et l'on s'arrête devant une voûte très surbaissée, en partie obstruée par du sable ; sous cette voûte on peut encore ramper pendant quelques décamètres, jusqu'à un amas d'eau et de sable qui ferme la marche et dont le nivau et l'étendue varient avec l'abondance des pluies et des infiltrations : c'est assurément la portion amont de quelque vase communicant infranchissable pour l'homme ; il est infiniment probable qu'au delà de l'obstacle se prolongent des canaux plus ou moins gorgés d'eau et aboutissant en définitive, comme le supposent MM. Martin-Franklin et Vaccarone (*op. cit.*, p. 85) et H. Ferrand (*op. cit.*, p. 41), à

quelque fontaine ou crevasse ignorée sur la rive droite
du Guiers-Vif, dans les profondeurs inaccessibles de
la belle cluse du Pont-Saint-Martin. La distance du
fond de la grotte au Guiers-Vif est d'environ 1,200 à
1,500 mètres à vol d'oiseau et la différence de niveau
peut être comprise dans les limites extrêmes de 40
à 80 mètres. Il me paraît assez difficile de rechercher
le point de résurgence des eaux de la première grotte
des Échelles dans la coupure du Pont-Saint-Martin, par
où le Guiers-Vif s'échappe du massif de la Grande-Chartreuse, et où d'ailleurs MM. Martin-Franklin et Vacca-
ronne signalent à 40 mètres au-dessus du torrent une
grotte longue de plus de 300 mètres (?), peut-être pas
sans relation avec celle qui nous occupe ; mais il est tout
à fait évident que cette coupure du Guiers-Vif, plus bas
placée que la caverne, était admirablement disposée
pour tansformer cette dernière en un drain naturel,
capable de soutirer au défilé même des Échelles une
notable partie de ses eaux anciennes et actuelles.
Je ne conçois d'ailleurs guère qu'on puisse considérer
la première grotte comme un *déversoir* et si, conformément à l'assertion de MM. Franklin et Vaccarone
(*op. cit.*, pp. 29 et 85), on lui voit parfois vomir de l'eau,
ce ne peut être qu'à titre de *reflux* exceptionnel,
par suite d'un engorgement passager des étroites
galeries qui *descendent* toutes vers le Guiers.

Au sortir de la première grotte, on continue à
suivre le défilé pendant 350 mètres environ pour
atteindre l'entrée de la deuxième grotte (altitude 480
mètres), et l'on constate tout de suite que celle-ci n'est
pas du tout le prolongement de l'autre : elle en est
fort distante, elle s'ouvre 25 mètres plus bas, et sa

pente intérieure s'incline dans une direction toute différente; on a donc eu tort de dire (*Spelunca* n° 15, 1898,
p. 128) que « la gorge du défilé naturel a certaine-
« ment recoupé le parcours de la caverne et séparé
« en deux parties une grotte jadis unique et con-
« tinue » (v. vue II).

Il y a là une erreur manifeste : en réalité, la première
grotte, le défilé et la deuxième grotte forment une
fourche à trois branches divergentes et asymétriques.
Mais il est bien exact que la seconde caverne s'est creu-
sée latéralement au défilé, dont elle est pour ainsi dire
une doublure souterraine, dans une haute diaclase naturelle d'aspect tout à fait imposant; la hauteur peut atteindre jusqu'à 25 ou 30 mètres, la largeur varie de 1 à
10 mètres, la longueur doit être d'environ 250 à 300 mètres, et la dénivellation atteint à peu près 30 mètres entre l'orifice d'amont et le seuil de sortie (altitude 450
mètres), par où s'écroule, après les fortes précipitations
atmosphériques, une puissante cascade du plus bel
effet. Car la deuxieme grotte des Échelles est une de
ces rares cavernes qui, véritables tunnels naturels,
peuvent être franchies de part en part (et très aisément
grâce à la passerelle du Club Alpin), sans qu'aucun
éboulis ou vase communicant fasse obstacle à la pénétration d'outre en outre : ainsi elle doit être classée,
aux dimensions près, à côté des célèbres percées du
Mas-d'Azil (Ariège), de Bramabiau (Gard), du Nam-
Hin-Boune (Indo-Chine), de Poung (Tonkin), etc., et de
quelques autres plus étendues (v. vue III). Le fond de
la caverne est le lit, encombré de marmites et de cailloux roulés, du torrent intermittent qui y écume avec
fureur en temps de pluies. Comme le défilé des Échel-

III. — Deuxième grotte des Échelles. La passerelle.
Communiqué par la Société de Spéléologie.)

IV. — Ancienne grotte des Échelles, sortie de la 2ᵐᵉ grotte et monument de Charles-Emmanuel.

(Communiqué par la Société de Spéléologie.)

les décrit un coude dans sa partie inférieure, il se trouve que l'issue de la deuxième grotte est tout à fait juxtaposée à celle de la gorge elle-même, — de part et d'autre du fameux et affreux monument commémoratif de Charles Albert, — juste au-dessus du village de Saint-Christophe-la-Grotte, — et en face du merveilleux décor, subitement dévoilé près la sortie, du bassin de Saint-Laurent-du-Pont et des montagnes de la Chartreuse (v. vue IV).

En résumé, et malgré l'absence de stalactites, le système des grottes des Échelles réunit à sa valeur pittoresque un sérieux intérêt scientifique. Il serait difficile de rencontrer une localité plus instructive au point de vue de la genèse des étroites et profondes vallées calcaires que l'on a appelées des *canons;* et il est impossible d'y méconnaître l'influence que les absorptions d'eau souterraines, et les cavernes qui en résultent, ont dû souvent exercer sur la formation de telles vallées. A supposer en effet que le cours d'eau, aujourd'hui périodique et affaibli, qui a creusé le défilé et les deux grottes, eût conservé suffisamment longtemps sa pérennité et sa puissance primitives, il est constant que la cloison de roches, qui sépare la seconde grotte de la partie inférieure du défilé, eût fini, de plus en plus sapée par les deux bras, souterrain et aérien, du torrent, par s'amincir au point de ne plus pouvoir supporter les voûtes de la caverne ; celle-ci se fût effondrée et ouverte au ciel sous l'effort continu de la corrosion et de l'érosion, d'autant plus que l'approfondissement des deux lits eût été concomitant; si bien qu'à la place d'une caverne et d'une ravine, juxtaposées et séparées par une cloison rocheuse demeurée en place, nous aurions eu une gorge plusieurs fois plus large et aussi plus creuse. D'où il faut conclure que le défilé et la deuxième grotte des Échelles constituent un très remarquable exemple de *canon inachevé,* arrêté dans son développement par la décadence du cours d'eau qui l'excavait, et digne en tous points de l'attention des géologues. C'est une preuve de plus, à joindre à toutes celles que l'étude des grottes m'a fournies depuis douze ans, de la diminution progressive, constante et inquiétante de la force des cours d'eau et du ruissellement.

2° GROTTE-SOURCE DU GUIERS-MORT

« Le Guiers, rivière admirable, est digne de sa mon-
« tagne. On ne saurait trop louer son eau splendide
« filtrée dans les obscurités de la craie, aux entrailles
« du massif de la Grande-Chartreuse. » (O. RECLUS,
Le plus beau royaume sous le ciel, p. 304. Paris, Hachette, 1899.)

Rien n'est plus douteux que cette pure filtration des sources des deux Guiers !

A priori la topographie et la géologie de leurs abords, analogues à celles du Vercors et de Vaucluse, indiquaient que le Trou du Glaz, la grotte du Guiers-Mort, Fontaine-Noire et la grotte du Guiers-Vif, échelonnés du Sud au Nord sur le flanc Ouest de la crête orientale du massif de la Grande-Chartreuse (chaîne du Petit-Som au Granier), ne débitent que les eaux infiltrées, entre 400 et 800 mètres plus haut, dans les fissures du calcaire crétacé urgonien (à réquiéniies), qui constitue les étroits plateaux allongés de Bellefonds ou de la Dent de Crolles, du berceau de l'Aup (Haut)-du-Seuil,

(Forêt-Fondue) et du Dôme de l'Alpette ; parmi les innombrables fentes de cette roche, les pluies descendent, suintantes, jusqu'aux voûtes des cavernes ; elles convergent vers les aqueducs souterrains, qu'elles ont forés à la partie inférieure de cet étage géologique et au sommet de l'étage sous-jacent, celui des marnes néocomiennes, dont l'imperméabilité annule l'effet de la pesanteur et transforme la descente verticale au sein des diaclases en un écoulement presque horizontal, menant les eaux réunies vers les rares points d'élection qui sont les sources ; sur toute son épaisseur moyenne, d'un demi-kilomètre, l'urgonien est dépourvu des sables ou autres éléments poreux capables de purifier les infiltrations ; celles-ci tombent libres par les vides des fissures, dont les croisements et les coudes ne les retardent que faiblement et ne sauraient, d'aucune manière, arrêter au passage les pollutions microbiennes provenant des pâturages supérieurs ; sans hameaux, sans autres habitations que quelques *haberts* abritant les bergers, ces hauteurs, certes, présentent aux courts ruissellements pluviaux, changés en absorptions souterraines presque aussitôt qu'ils touchent la terre, moins de chances de contamination que les plaines hautes étendues au pied du Ventoux ou de la forêt de Lente ; mais les *résidus* des troupeaux et pacages s'y trouvent cependant entraînés, en proportion nullement négligeable, parmi les points d'absorption, qui font disparaître presque instantanément les précipitations atmosphériques. De même que sur tous les plateaux calcaires, on ne peut pas faire la statistique de ces myriades de bouches pierreuses, si avides d'eau ; à peu près partout leurs lèvres sont invisibles, dissimu-

lées sous l'herbe ou la broussaille, constituées par le
dédale des lapiaz, ou obstruées de terre végétale et de
cailloux, que l'eau seule sait bien traverser; on connaît,
paraît-il, plusieurs dépressions où, sous l'orage, des
fragments de ruisselets courent un moment à la surface dans des embryons de thalwegs, pendant quelques
hectomètres, jusqu'à ce qu'un *crible* de pierres ou mousses (qui ne sont pas un *filtre*) leur ouvre en un brusque
entonnoir la voie souterraine. Mais M. Ferrand (*op.
cit.*, p. 18) m'a affirmé qu'il ne connaissait là-haut nulle
gueule de caverne absorbante, ni aucun *abîme* assez
large pour permettre aux échelles de l'homme de suivre quelque peu sous la roche le chemin de l'eau inter-
mittente. Ainsi n'ai-je point eu à tenter sur le plateau
de la Chartreuse l'exploration, toujours si difficile et
d'incertain résultat, des gouffres verticaux comme ceux
du Karst, des Causses, du Vercors, du Dévoluy, de
Vaucluse, etc. Il a fallu nous contenter d'examiner les
grottes d'où rejaillissent les eaux que je consens à ap-
peler *fontaines* (ce terme évoquant bien l'idée d'un
captage et d'une adduction extérieure), mais auxquelles l'hygiène publique devra, comme dans tous les
terrains calcaires, refuser le privilégié nom de *source !*
D'ailleurs le bon sens populaire, heureusement intuitif
en l'espèce, ne dit-il pas *Fontaine de Vaucluse*, *Fontaine l'Évêque*, pour désigner les deux grosses résurgences des plateaux calcaires de Provence ? Il dit
aussi *Fontaine Noire* (v. ci-dessous) à l'origine du
Guiers-Mort.

Et si nos recherches n'ont point doté la région de
nouvelles curiosités pittoresques, au moins nous ont-
elles fait rencontrer les réservoirs internes des fon-

taines et comprendre le mécanisme naturel qui produit les grandes irrégularités de leurs débits.

M. Ferrand avait supposé (*op. cit.*, p. 19) « que, par « des canaux inconnus, des fissures souterraines sans « doute inaccessibles à l'homme, toute l'ossature de « la montagne est perforée, traversée et que ces « grottes se communiquent entre elles, communiquent « peut-être avec... de véritables glaciers infra-terres-« tres qui sont le réservoir du massif et la source de « ses torrents ».

On va lire comment cette manière de voir s'est trouvée parfaitement justifiée par nos observations : la seule correction qu'elle demande, c'est qu'il existe non pas un réservoir unique, mais deux séries, sans doute, de réservoirs superposés, sous la double forme de poches d'eau et de puits à neige, — une série pour le système hydraulique du Trou du Glas, du Guiers-Mort et de Fontaine-Noire que je serais porté à considérer comme solidaires, — et l'autre pour le Guiers-Vif

Renvoyant, quant aux descriptions des sites et des voies d'accès aux jolies pages de mon cicerone, pages modèles pour toute monographie de ce genre, je me bornerai ici à un pur compte rendu scientifique ; remarquant au préalable que mes altitudes, soigneusement déduites des moyennes de deux excellents baromètres holostériques de Naudet, simultanément consultés et repérés à diverses reprises sur les cotes 849 (Saint-Pierre-de-Chartreuse, église) et 640 (Saint-Pierre-d'Entremont, pont), se trouvent toutes notablement inférieures à celles fournies antérieurement. Elles restent d'ailleurs susceptibles d'une approximation de 5 à 10 mètres.

La *Fontaine-Noire*, entre Perquelin (941 mètres) et
la grotte du Guiers-Mort, est, à 1146 mètres (1200 mètres, M. Ferrand), une *fontaine* du type dit *Vauclu-
sien*, déversoir d'un vase communicant, emprisonné
sous la montagne ; jamais elle ne tarit, et le mouvement ascensionnel de son eau, facile à constater hors
des fissures rocheuses visibles dans sa vasque naturelle, indique bien que, derrière le mur de rochers, est
accumulée la réserve d'eau, dont l'éloignement ne peut
être conjecturé, pas plus que la profondeur réelle du
tube en U qui, sous le barrage naturel non encore
renversé par la pression hydrostatique interne, a ouvert une issue au liquide, au contact des marnes
néocomiennes et aux dépens des joints et diaclases de
l'urgonien. Faute de pénétration possible, un précieux
indice nous est fourni par la température de la Fontaine, qui est anormalement basse à 5° 5 C.: en plein été
(12 juillet), au pied d'une falaise tournée vers le soleil
couchant et à la hauteur de 1146 mètres, le thermomètre devrait marquer au moins 2° de plus ; et 5° 5
correspondent, en Dauphiné, à la moyenne température annuelle des zones de 1600 mètres environ. C'est
justement l'élévation minimum qu'atteignent les plateaux supérieurs de cette région. A bien des reprises
j'ai précédemment montré (*C. R. Ac. Sc.*, 11 déc. 1899,
24 oct. 1898, 17 janvier 1898, 24 mai 1897, 16 novembre 1896, 13 janvier 1896, 12 mars 1894, etc.) de
quel inattendu secours sont les observations thermométriques des sources, quand on veut en rechercher l'origine ; ici, il n'en faut pas plus pour démontrer
sans réplique que Fontaine-Noire, trop froide pour la
saison et la topographie, va chercher son eau dans les

V. — Grotte du Guiers Mort. Vue de la sortie.
Phot. de l'auteur.

VI. — Grotte du Guiers-Mort. Vue de l'intérieur vers la sortie.
Phot. de l'auteur; — au magnésium.

hauteurs qui la surmontent, et que même, conformément à nombre de mes études antérieures, elle en descend trop rapidement et ne séjourne pas assez longtemps dans les fissures de la roche, pour monter des 2°
qui lui manquent afin d'équilibrer sa température avec
celle du lieu où elle sourd.

Ce nouveau et imprévu résultat bien constaté, continuons à monter vers la sortie du Guiers-Mort. Le
site, à deux heures et demie de Saint-Pierre-de-Chartreuse, est idéalement pittoresque et l'excursion ravissante. ..... Ferrand l'a trop bien dit pour que je me
risque à le répéter.

Le pied du bel escarpement de tuf sur lequel le
Guiers-Mort déverse, en s'échappant de terre, sa chute
d'eau, de volume essentiellement variable, se trouve à
1297 mètres (la tradition veut qu'au xiie ou xiiie siècle,
elle ait complètement tari pendant une année entière) ;
huit mètres plus haut s'ouvre l'orifice béant et majestueux de la grotte à 1305 mètres (1376 mètres, Ferrand ; 1350 mètres, Joanne), d'où sort brusquement
le torrent, aujourd'hui (12 juillet 1899) simple ruisseau, qui va nous permettre une inspection plus facile de la caverne, laquelle, sauf dans le vestibule
d'entrée, se trouve entièrement à sec (v. vue V).

Le plan et la coupe ci-contre nous permettront d'expliquer les particularités fort instructives de cet antre,
long d'environ 230 mètres seulement (l'exploration a
duré cinq heures), et dont on ne connaissait qu'une
cinquantaine de mètres avant notre venue (Ferrand,
op. cit., p. 20).

Le plan montre les deux grands coudes à angle
droit (résultant de la disposition naturelle des fissures

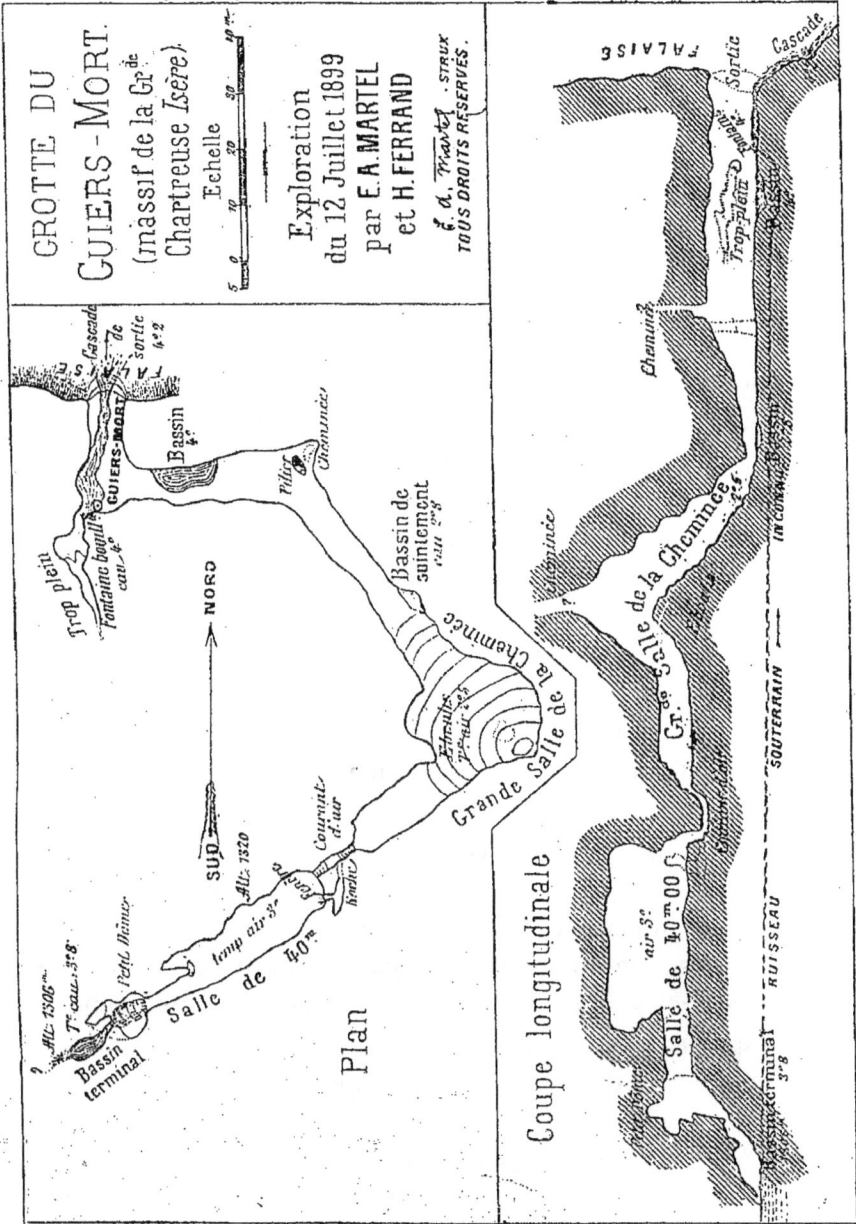

GROTTE DU GUIERS-MORT (massif de la Grde Chartreuse Isère). Echelle

Exploration du 12 Juillet 1899 par E.A. MARTEL et H. FERRAND

Plan

Coupe longitudinale

préexistantes), qui ramènent le fond de la grotte exactement dans la même ligne Nord-Sud que sa sortie.
Celle-ci, figurée par une ample galerie de section circulaire, longue d'une quinzaine de mètres, aboutit à une
paroi rocheuse, au pied de laquelle se trouve le point
de dégorgement de l'eau; c'est une fontaine qui jaillit,
avec un assez fort bouillonnement, d'entre les interstices d'un tas de pierres ; en déblayant ces pierres on
démasque une crevasse dans le rocher, servant de cheminée d'ascension au liquide, dont la réserve intérieure est, sans doute, sous pression à une altitude
supérieure, ce qui provoque le bouillonnement ; immédiatement le courant se forme et va se briser en
la cascade extérieure. Dans la paroi rocheuse de la
fontaine, et à 1 m. 50 de hauteur environ, s'ouvre un
trou où l'on grimpe tant bien que mal : il se prolonge
par une petite galerie progressivement abaissée et rétrécie, où l'on ne peut même plus ramper après
30 mètres de parcours ; tout indique que des flots d'eau
y passent souvent, c'est, assurément, un trop-plein de
la fontaine ; il ne *déverse* qu'après les pluies (v. vue VI).

La galerie principale tourne à l'Est puis au Sud-Est,
vrai lit de rivière souterraine, large de 15 à 5 mètres
et haut de 8 mètres à 2 m. 50; derrière un pilier, à
main gauche, la voûte s'élève en une cheminée intérieure, exemple d'une de ces innombrables gouttières
verticales, qui drainent les eaux des massifs rocheux
surincombants et sont les affluents des cavernes. A
80 mètres de l'entrée, l'horizontalité de la galerie cesse ;
un énorme éboulis de gros rochers, qui a dû être le
terme de toutes les précédentes visites, semble barrer
la route ; on l'escalade sans peine cependant sous une

voûte qui, en forme de cloche, se relève au moins à
30 mètres de hauteur : là encore aboutit, en temps de
pluies, par des fissures que le magnésium nous laisse à
peine entrevoir, une importante adduction d'eaux intérieures, dont le travail d'érosion, de corrosion et de
pression hydrostatique a évidé une grande salle intérieure, en disloquant le point de jonction (à angles
droits) d'un grand nombre de cassures du sol. Quand
les alpinistes souterrains du XXᵉ siècle voudront bien
prendre la peine d'*ascender* ces *avens* intérieurs, jusqu'à présent inexplorés, des cavernes et des rivières
souterraines, il est certain qu'ils y découvriront des
étages superposés de cavités, disposées en gradins ;
ce seront des escaliers géants qui, de couloirs horizontaux en puits verticaux, abaissent les eaux atmosphériques depuis les absorptions des plateaux jusqu'aux
résurgences des falaises et des vallées. On connaît
déjà bien des exemples, découverts par les explorations de haut en bas, de dispositions semblables (aux
Baumes-Chaudes en Lozère, à la Crouzate dans le
Lot, à Bramabiau dans le Gard, à Bétharram dans les
Basses-Pyrénées, etc.); les recherches de bas en haut,
ascendantes, en multiplieront certainement le nombre
en proportion considérable. En l'état, la grande cloche,
d'environ 25 mètres de diamètre, de la grotte du
Guiers-Mort, est la résultante d'un véritable *confluent*
d'eaux souterraines. Sous nos yeux mêmes, malgré la
sécheresse, les suintements y sont encore forts.

On peut redescendre de l'autre côté de l'éboulis, ou
en contourner la base (à l'Ouest), comme le fait le
courant qui, en temps de crue, passe par là en venant
du surplus de la grotte, qu'il nous reste à reconnaître.

Au delà de l'éboulis, en effet, on retrouve 20 mètres de belle galerie horizontale, plus haut placée (environ 10 mètres) que l'orifice de la caverne. Au bout, il faut descendre et ramper dans un étroit boyau, où un violent courant d'air éteint les bougies ; nous ne pouvons le franchir que grâce à nos lanternes pliantes, si utiles sous terre en pareil cas. Le souffle du vent ne dénonce nullement, comme on le suppose généralement par erreur, une communication avec quelque autre grotte ou orifice ouvert à l'extérieur (cas très rarement réalisé) ; le phénomène se manifeste toutes les fois que deux cavités suffisamment vastes sont réunies par un rétrécissement et qu'il existe entre elles les moindres écarts de niveau et de température ; c'est l'effet de la densité de l'air froid qui lui impose ce déplacement en profondeur, tandis que l'air chaud, plus léger, tend au contraire à s'élever. Toutes ces conditions sont particulièrement bien combinées au point qui nous occupe en ce moment.

Le boyau franchi, on remonte dans une belle galerie, longue de 40 mètres, haute de 15 mètres, puis de 5 ou 6 (salle du pilier ; voir la coupe), qui, après un nouveau rétrécissement (sans courant d'air) aboutit elle-même à une petite chambre en entonnoir d'une dizaine de mètres de diamètre ; une pente rapide de cailloux roulés et glissants y disparaît dans un trou, où je parviens à passer, m'étant, au préalable, fait attacher à une corde que retiennent mes compagnons ; la précaution n'est pas inutile, car la pente instable qui croule sous mes genoux conduit, agréable surprise, à un bassin d'eau claire et profonde. Bien que cette eau soit enfermée dans une diaclase trop étroite pour y faire navi-

guer un bateau, même démontable; bien qu'à une
courte distance ses parois semblent se rapprocher et
sa voûte s'abaisser jusqu'à en faire une poche probablement close par la roche immergée, il n'en est pas
moins *certain* que j'ai retrouvé là, par un véritable
regard, le réservoir souterrain même du Guiers-Mort;
car le niveau est un peu plus élevé que la *fontaine*
(distante de 100 mètres à vol d'oiseau) du vestibule
de la grotte, et suffisant pour en expliquer le jaillissement; la température, une fois de plus, va nous servir
utilement en indiquant que c'est bien la même eau.
Voici, en effet, les indications du thermomètre.

Eau de la cascade extérieure....	4º 2 C.
Eau de la fontaine bouillonnante.	4º
Eau de la flaque d'eau voisine...	4º
Eau de la flaque de suintement au pied de la grande salle....	2º 8 C.
Air au pied de la grande salle...	2º 5 C.
Air dans la salle du pilier......	3º
Eau du bassin-réservoir........	3º 8 C.

Que nous apprennent ces chiffres, qui confirment de
nouveau la loi de l'inégalité des températures, trop
longtemps méconnue, d'une même caverne?

D'abord l'air et les suintements de la grande salle
sont plus froids d'un degré à un degré et demi que
l'eau du Guiers, inférieure elle-même de trois degrés
aux 7º C. que comporterait normalement l'altitude de
1300 mètres : la raison en est simple, puisque, par les
infiltrations des roches de Bellefonds et de la Dent de
Crolles, ils descendent d'altitudes égales à 1900 et
2000 mètres, — et surtout puisque les fissures de ces

roches doivent, toute l'année, conserver de la neige et
de la glace, ainsi que nous le vérifierons tout à l'heure
au Trou du Glas.

Ensuite, l'air froid venu de la grande salle et l'eau
du Guiers souterrain exercent l'un sur l'autre une influence réciproque, puisque l'air de la salle du Pilier
est relevé à 3° et l'eau du bassin abaissée à 3° 8 ; il
est donc tout naturel que celle-ci soit légèrement plus
fraîche que la fontaine bouillonnante.

Enfin les accidents naturels et la coupe de la caverne, et surtout l'aspect de la dernière petite salle, avec
sa voûte érodée en coupole et ses traces manifestes du
travail des eaux sous pression, font clairement sauter
aux yeux quel rôle joue le bassin qui a arrêté mon investigation.

Lorsque, après les pluies ou la fonte des neiges,
les fissures de la montagne recueillent de grandes
quantités d'eau, les cavités-réservoirs inconnues si-
tuées en arrière du bassin se remplissent jusqu'à un
niveau supérieur plus ou moins élevé : le bassin monte
donc, en vertu du principe des vases communicants
et de la loi d'équilibre des liquides, et cela avec une
force qui dépend de la pression hydrostatique réalisée
en amont ; son flux, parvenu à hauteur voulue, se déverse successivement par la salle du pilier, le passage
du courant d'air et la grande salle, où il reçoit, sans
aucun doute, l'affluent amené par la grande cheminée,
pour déborder enfin par l'orifice de la grotte ; alors
la cascade et le volume d'étiage se trouvent accrus
dans une proportion considérable et toute la caverne
est transformée en trop-pleins, en soupapes de sûreté
des canaux inférieurs trop restreints pour débiter de

telles masses d'eau ; il est probable qu'en ce cas, qui
se réalise plusieurs fois par an, toutes les galeries
que nous avons pu visiter sont remplies presque
jusqu'aux voûtes ; cela explique l'absence à peu près
complète des concrétions calcaires, qui n'ont pas le
temps de se former, dans les intervalles trop courts
de deux de ces formidables lavages, singulièrement
défavorables au tranquille dépôt et à la lente cristalli-
sation des particules de carbonate de chaux mises en
liberté par l'évaporation des suintements. Il est certain aussi qu'au moment de pareilles *chasses* d'eau, le
petit trop-plein voisin de la sortie de la caverne entre
en jeu, comme l'un des trop rares échappatoires mis à
la disposition des eaux emprisonnées dans les crevasses secrètes de la montagne. Une fois les pluies arrê-
tées, ces crevasses se vident graduellement, et le débit
des exutoires du Guiers-Mort, proportionnellement à
cette vidange, diminue peu à peu, jusqu'à ce que celui
de la petite fontaine bouillonnante suffise à l'écoulement ; alors les grandes galeries de la caverne s'assè-
chent et le bassin terminal redescend à un niveau plus
ou moins bas. Il paraît qu'on a vu quelquefois complètement tarie la sortie du Guiers-Mort ; c'était assurément à une époque où les réservoirs internes se trou-
vaient abaissés plus bas que l'orifice de la grotte et où
la Fontaine-Noire restait le seul exutoire en action,
n'ayant d'ailleurs jamais tari, grâce à son altitude. Il
faudrait pénétrer dans la grotte du Guiers-Mort lorsque ce cas se présentera : je suis convaincu que, conformément à tout ce que je viens d'expliquer, l'on y
rencontrerait le bassin terminal plus bas encore que je
ne l'ai vu. Qui sait même si l'on n'y découvrirait pas,

absolument libre d'eau et possible à parcourir, son prolongement souterrain, permettant de pénétrer plus avant dans les réservoirs à niveau variable du Guiers-Mort? Le fait s'est rencontré dans plusieurs fontaines des Causses, visitées en temps de sécheresse, notamment à l'Oule du Lot, près de Cahors, et à l'Écluse de l'Ardèche, près Saint-Marcel.

En résumé, on voit que, tout en ne possédant, au point de vue pittoresque, que la beauté de son entrée, la grotte du Guiers-Mort présente le plus haut intérêt à cause de son mécanisme hydraulique, si facile à expliquer : elle montre, mieux que n'importe quelle caverne analogue, le fonctionnement des trop-pleins ; elle explique à merveille le jeu des vases communicants dans les parties basses et retrécies de ces sortes de grottes, et elle offre le plus frappant exemple de la convergence ou *confluence* des fissures verticales de drainage vers une grande galerie principale, jouant le rôle de collecteur général. C'est un excellent résumé de l'hydrologie souterraine des terrains calcaires.

3° TROU DU GLAS

Les dimensions de la grotte du Guiers-Mort, trop vastes pour le courant normal actuel, et la circulation de sa source d'étiage dans des conduits étroits et inférieurs dénoncent, d'ailleurs comme toutes les grottes connues, le double phénomène, si inquiétant pour les générations futures, de l'enfouissement progressif et de la diminution constante des eaux souterraines des terrains fissurés : sous peine d'allonger outre mesure le présent travail, je ne puis que renvoyer, sur cette préoccupante question, à ce que j'ai déjà publié et démontré à diverses reprises (*Les Abîmes*, p. 555, etc.).

Le Trou du Glas fournit à ce point de vue une convaincante preuve de plus, car il se présente sous la forme d'une *fontaine morte,* qui ne débite plus de ruisseau, parce que, dans son plancher, se sont pratiquées des *fuites* entraînant toutes les eaux intérieures vers les issues plus bas placées, Guiers-Mort et Fontaine-Noire.

Le Trou du Glas est en effet ouvert à 1658 mètres d'altitude (1700 mètres, Joanne ; 1703, Ferrand), considérablement plus haut que celui du Guiers-Mort (1305 mètres) et que la Fontaine-Noire (1146 mètres), à 1200 ou 1500 mètres au Sud, à vol d'oiseau, du pied Nord-Ouest de la Dent de Crolles (Petit-Som, 2066 mètres). C'est par le détour du col des Ayes (1515 mètres ; 1550 mètres, Joanne) que l'on s'y rend le plus aisément (en trois heures de Saint-Pierre-de-Chartreuse, dont trois quarts d'heure depuis le col des Ayes), le chemin direct depuis le Guiers-Mort étant peu commode à trouver et à suivre.

Le Trou du Glas était mieux connu que la grotte précédente. On verra sur le plan ci-contre que, conformément à la description du guide Joanne, c'est d'abord un tunnel à peu près rectiligne, montant puis redescendant légèrement parmi quelques éboulis, et long de 215 mètres, jusqu'à un étranglement surbaissé, pareil à celui du Guiers-Mort ; un violent courant d'air y rend également nécessaire l'emploi des lanternes. Ensuite, et après 45 mètres de galerie coudée, un éboulis à main droite descend d'une petite salle sans issue, tandis qu'à gauche on s'abaisse dans un couloir de

30 mètres de longueur. Mais le fond n'est pas conforme aux renseignements qu'on nous avait donnés à Saint-Pierre-de-Chartreuse et qu'a reproduits Joanne : le « vaste puits réputé insondable » est à gauche et non à droite. La « galerie horizontale au sol recouvert « de sable » n'est qu'une crevasse étroite, en effet pleine de sable, mais peu étendue et très difficile d'accès, entre des fissures fort enchevêtrées et toutes corrodées par l'eau ; à l'Ouest de cette poche, une autre petite salle sans issue termine la grotte, longue en tout de 350 mètres seulement [1].

Malgré cinq heures de scrupuleuses recherches dans les moindres fissures et recoins visibles, nous n'avons pu réussir à percevoir le bruit du « cours « d'eau souterrain dont les eaux se font entendre ».

Mais je crois pouvoir expliquer comment on a supposé l'existence de ce courant qui fonctionne peut-être, en réalité, après les pluies.

Me trouvant placé à la dernière bifurcation j'entendais parfaitement tomber en dessous de moi, à travers les fentes, ici très nombreuses, de la roche, les pierres que mes compagnons jetaient dans le puits dont le couloir d'accès se trouve à 20 mètres de là. Or, il est non seulement possible, mais encore infiniment probable, que, de temps à autre, les eaux souterraines venant du haut plateau circulent dans les galeries infé-

---

[1] Je n'ai pas vu « le sentier qui s'ouvre à 100 ou 200 pas au- « dessous de la grotte », dans la direction du col des Ayes ; en venant de ce col, au contraire, il faut monter jusqu'à 1695 mètres d'altitude et *redescendre* ensuite de 35 mètres par une espèce d'escalier qui aboutit à la grotte même.

rieures avec lesquelles ce puits doit se trouver en
communication plus ou moins directe ; il suffit donc
qu'on ait visité le fond du Trou du Glas après une période de pluie, pour y avoir perçu, sans aucune illu-
sion auditive, le grondement ou le murmure d'eaux
courantes à travers les fissures qui si nettement m'ont
laissé ouïr le bruit des cailloux précipités ; on sait
d'ailleurs qu'au sein des cavernes, empire du silence,
le moindre son devient aisément un vacarme et que le
plus petit suintement, même très rapproché, peut in-
duire en l'erreur d'une forte cascade assez distante.
On verra tout à l'heure qu'un petit scialet du Vercors
m'a, de cette manière, fourni à moi-même une sé-
rieuse déception.

J'admets d'autant plus volontiers la possibilité d'une
circulation d'eau temporaire et plus ou moins abon-
dante, *sous* le fond du Trou du Glas, que je considère
le puits en question comme un point de vidange exceptionnel des anciennes eaux de la grotte, comme une
fuite, ainsi que je l'ai dit plus haut, pratiquée dans un
plancher grâce à la disposition fissurée du sol ; fuite
qui, depuis une époque ignorée et sans doute bien
lointaine, a rendu le Trou du Glas inactif en tant
qu'exutoire extérieur des eaux, — et en a fait une
fontaine morte, je le répète, où les accidentelles venues
d'eaux et les crues souterraines trouvent actuellement,
le cas échéant, une issue suffisante par le puits, qui
les conduit vers les crevasses et débouchés inférieurs
du Guiers-Mort et de la Fontaine-Noire. L'existence,
dans la grande galerie du Trou du Glas, de concrétions importantes, de stalagmites de glace et de tas de
neige à l'orifice, prouve surabondamment qu'elle n'est

plus (bien au contraire de la grotte du Guiers-Mort)
jamais lavée par des flots d'eau. C'est plus bas que
s'opère le drainage.

Malheureusement, une circonstance spéciale, que
j'ai fort regrettée sur place, mais qui sert bien utilement, toutefois, pour confirmer plusieurs des consi-
dérations qui précèdent, nous a empêchés d'explorer le
puits du Trou du Glas : c'est la température ; pour insondable, ce puits ne l'est point, et je ne lui ai trouvé que
25 mètres de profondeur : 8 en très forte pente parmi les
dislocations de roches que l'eau a crevées là pour
s'enfoncer plus bas, et 17 pour un vrai puits à pic, à
l'orifice duquel j'ai dû m'arrêter, fort marri, me ren-
dant compte seulement qu'il passe réellement en dessous du fond de la caverne et que, sauf obstruction par
des éboulis ou des matériaux détritiques, il se prolonge certainement dans les profondeurs de la montagne.

Mais nous n'avions point prévu qu'une température
de + 1° à + 2° C. seulement nous interdirait toute station prolongée et toute manœuvre compliquée dans le
Trou du Glas : faute d'un approvisionnement de chauds
vêtements, je ne pouvais imposer à mes quatre compagnons la longue séance d'immobilité, indispensable
pour réaliser et surveiller une descente et une inspection du puits de 17 mètres. La bonne volonté, certes,
ne faisait pas plus défaut que les cordes pour venir à
bout de cet obstacle, si facile à surmonter en conditions ordinaires ; mais la froide humidité, qui nous pé-
nétrait tous de plus en plus, laissait craindre que la
manœuvre ne pût s'exécuter avec toute la liberté et
sûreté de mouvements nécessaires en pareil cas.

3

Aussi bien sortîmes-nous de la grotte, après nos cinq heures de recherches, complètement transis et morfondus, heureux de trouver sous le porche d'entrée un bon feu allumé par un de nos aides, qui avait dû, sous peine de prendre mal, regagner le dehors avant nous-mêmes.

Et la prudence l'emportant cette fois sur la curiosité, je décidai, malgré l'insistance de mes dévoués aides, que notre excursion en resterait là, et se bornerait à servir de reconnaissance préliminaire pour quelque autre chercheur futur, prévenu ainsi des précautions à prendre pour pouvoir explorer le puits, savoir : plusieurs gourdes de bon cordial, une lampe à alcool pour réchauffer les doigts engourdis, et nombre de vieux paletots et couvertures pour se vêtir et s'asseoir. Une légère échelle de cordes de 20 mètres, 100 ou 200 mètres de cordages et une équipe de six ou sept hommes solides et déterminés seront l'appoint nécessaire à cette exploration : je regrette bien de ne l'avoir point achevée, et rien ne me permet d'augurer au juste si elle doit se buter, au pied des 17 mètres, à un bouchon de débris ou à une fissure impénétrables pour l'homme, — ou si, au contraire, elle aboutirait à un système de puits intérieurs et d'aqueducs, superposés comme aux Baumes-Chaudes, et conduisant de gradin en gradin à quelque vertical affluent de grand collecteur souterrain, analogue à la cheminée de la grande salle du Guiers-Mort.

Quoi qu'il en soit, il reste là pour les alpinistes dauphinois une amusante escalade à rebours à accomplir et une intéressante énigme à résoudre.

Météorologiquement, le Trou du Glas est bien cu-

rieux. Tandis que l'air y varie, selon les points, de 1°
à 2°, — tandis que des stalactites et stalagmites de glace
s'y rencontrent à 100 mètres de l'entrée, — et tandis
que la neige accumulée par l'hiver et les vents à l'orifice n'y est pas encore fondue au cœur de l'été (13 juillet), — il se trouve qu'un large suintement d'eau provenant d'un orifice latéral et supérieur, à 25 mètres
environ de l'entrée, est à + 3° C., trop froid, eu égard
à l'altitude, de plus de 2°. C'est la suite logique des
observations thermométriques que nous venons de
faire en montant depuis la Fontaine-Noire ; c'est la
confirmation formelle de l'existence de puits et crevasses à neige sur le plateau supérieur, et de l'alimentation, par la fusion lente de ces neiges, des eaux souterraines du Guiers-Mort, dont le refroidissement est
ainsi si bien expliqué. Au Trou du Glas lui-même,
nous rencontrons presque une glacière naturelle, due
beaucoup plus à l'altitude qu'à la forme, et nous
voyons l'eau d'un suintement travailler en été à fondre
les neiges hivernales et à se refroidir à leur contact,
au point de n'être même plus à 3° dans les suintements du Guiers-Mort, à 350 mètres plus bas. Et c'est
tout à fait un phénomène remarquable que celui, présenté par le tableau ci-dessous, des températures et
des altitudes, résumant, sans qu'il soit besoin de plus
amples commentaires, les déductions que j'en ai tirées
ci-dessus.

Localités.	Altitude.	Air.	Eau courante.	Suintement.
Trou du Glas..	1658ᵐ	1° à 2°	»	3°
Guiers-Mort...	1305ᵐ	2° 5 à 3°	3° 8 à 4° 2	2° 8
Fontaine-Noire	1146ᵐ	»	5° 5	»

Bien plus, une source de toute différente origine, située en face du Trou du Glas, entre Perquelin et le col des Ayes, à 1345 mètres d'altitude, et alimentée par les infiltrations et les pentes du roc d'Arguille (1787 mètres, soit 300 mètres moins haut que la Dent de Crolles), était, le 13 juillet, à 5° 2, quoique tournée au Nord-Est et 200 mètres plus haut que Fontaine-Noire !

Quelle plus éclatante confirmation peut-on fournir de l'alimentation du Guiers-Mort par des réserves d'eau, auxquelles des accumulations ignorées de neige intérieure communiquent une température fort inférieure à ce que comporte l'altitude ? Aucune, si ce n'est l'existence de faits exactement semblables dans le Dévoluy, dont les *chourums*, remplis de neiges, envoient à la puissante fontaine des Gillardes, ainsi que l'ont prouvé mes recherches de 1896 et 1899, des eaux qui, à 875 mètres d'altitude, sont à 6° C. au lieu de 9°.

Et, pour en finir avec le Guiers-Mort, disons que son origine doit bien être recherchée dans les fissures des plateaux de la Dent de Crolles et de Bellefonds, où s'absorbent les pluies et les neiges ; — que les crevasses intérieures de cette partie de la montagne lui servent de réservoirs à niveaux variables selon l'abondance des précipitations atmosphériques ; — que par l'effet de la pesanteur, de l'incessant travail des eaux (corrosion, érosion, pression hydrostatique) et du pendage naturel des couches de terrain (vers le Nord), les exutoires de ces eaux sont descendus peu à peu en se déplaçant vers le Nord ; — que le premier, le plus haut et le plus ancien de ces exutoires, le *Trou du*

Glas, se trouve actuellement hors de service, si ce n'est dans ses parties profondes encore inexplorées ; — que le deuxième, *grotte du Guiers-Mort,* ne fonctionne plus, dans ses galeries supérieures, accessibles à l'homme, qu'à titre de trop-plein pour les crues, donne déjà, par ses rares arrêts complets, des signes non équivoques de décrépitude et finira, quelque jour, par tarir ou par se défoncer intérieurement comme le Trou du Glas ; — et que la Fontaine-Noire, actuellement le plus bas et le plus engorgé de ces exutoires, pourra, un jour, se changer, elle aussi, en une grotte de trop-plein comme le Guiers-Mort, quand les eaux sous pression, qui ne cessent d'y diminuer la résistance des roches, auront assez triomphé de celles-ci pour faire éclater, en un large porche de caverne, la barrière de roche qui forme, de nos jours, une véritable bonde de retenue.

J'ai montré (Mémoires de la Société de Spéléologie n° 19) qu'un cataclysme de ce genre, accompagné d'une vraie éruption d'eau, avait dû se produire, jadis, pour une autre rivière souterraine de l'Isère, la grotte de la Balme ! A Fontaine-Noire, la situation topographique et la constitution géologique du sol rendent le même processus inévitable, mais sans que le délai en puisse être prévu le moins du monde.

Voilà, selon moi, ce qu'il y a à déduire de mes recherches dans les cavernes du Guiers-Mort.

4° GROTTE DU GUIERS-VIF

Celle-ci va nous conduire à des conclusions identiques.

Mais je commence par déclarer qu'elle est dans un

des plus admirables sites de la France entière, digne
d'une renommée considérable, — et que je l'ai trouvée,
bien qu'antérieurement connue dans tous ses détails,
particulièrement instructive au point de vue de l'étude
des eaux souterraines.

Elle présente d'ailleurs une telle complication qu'il
serait impossible de la faire comprendre sans les plan
et coupe détaillés ci-contre, que j'ai levés le 15 juillet
avec le concours de M. Ferrand et de M. Flusin, prépa-
rateur à la Faculté des sciences de Grenoble.

On a l'habitude de nommer *sources du Guiers-Vif* la
série de magnifiques cascades qui, au fond du cirque
rocheux de Saint-Même, paraissent jaillir d'une ouver-
ture de la montagne, dans la grande falaise appelée
l'Anche du Guiers et s'écoulent, en trois ou quatre
bonds successifs, de 250 mètres environ de hauteur.

Selon M. Ferrand (*op. cit.,* p 21) et le dictionnaire
de géographie de Vivien de Saint-Martin et Rousse-
let, on ne l'aurait jamais vu s'arrêter tout à fait ; au
contraire, le dictionnaire géographique de la France
de Joanne déclare qu'on l'a vu, « mais très rarement,
sécher ». Accorde qui pourra cette contradiction.

A l'étiage, telle que je l'ai vue, c'est à l'altitude
d'environ 1100 mètres que la masse d'eau s'échappe
du sol, non point par des porches de cavernes, mais,
en réalité, par les interstices d'éboulis et de fissures,
garnis de mousses et impénétrables à l'homme ; si
le débit de l'eau augmente on voit entrer successivement en action un deuxième et un troisième déversoirs
ouverts à droite et un peu plus haut (c'est l'aspect re-
présenté par la photogravure, p. 23 du livre de

GROTTES ET SOURCE? DU GUIERS VIF
(Grande Chartreuse, Isère.)

Plan et Coupes
dressés le 15 Juillet 1899
par E.A. MARTEL
avec le concours de
M.M H. Ferrand et G. Flusin.

TOUS DROITS RÉSERVÉS

f. a. Martel

Longueur développée
de la Grande Grotte
600 m

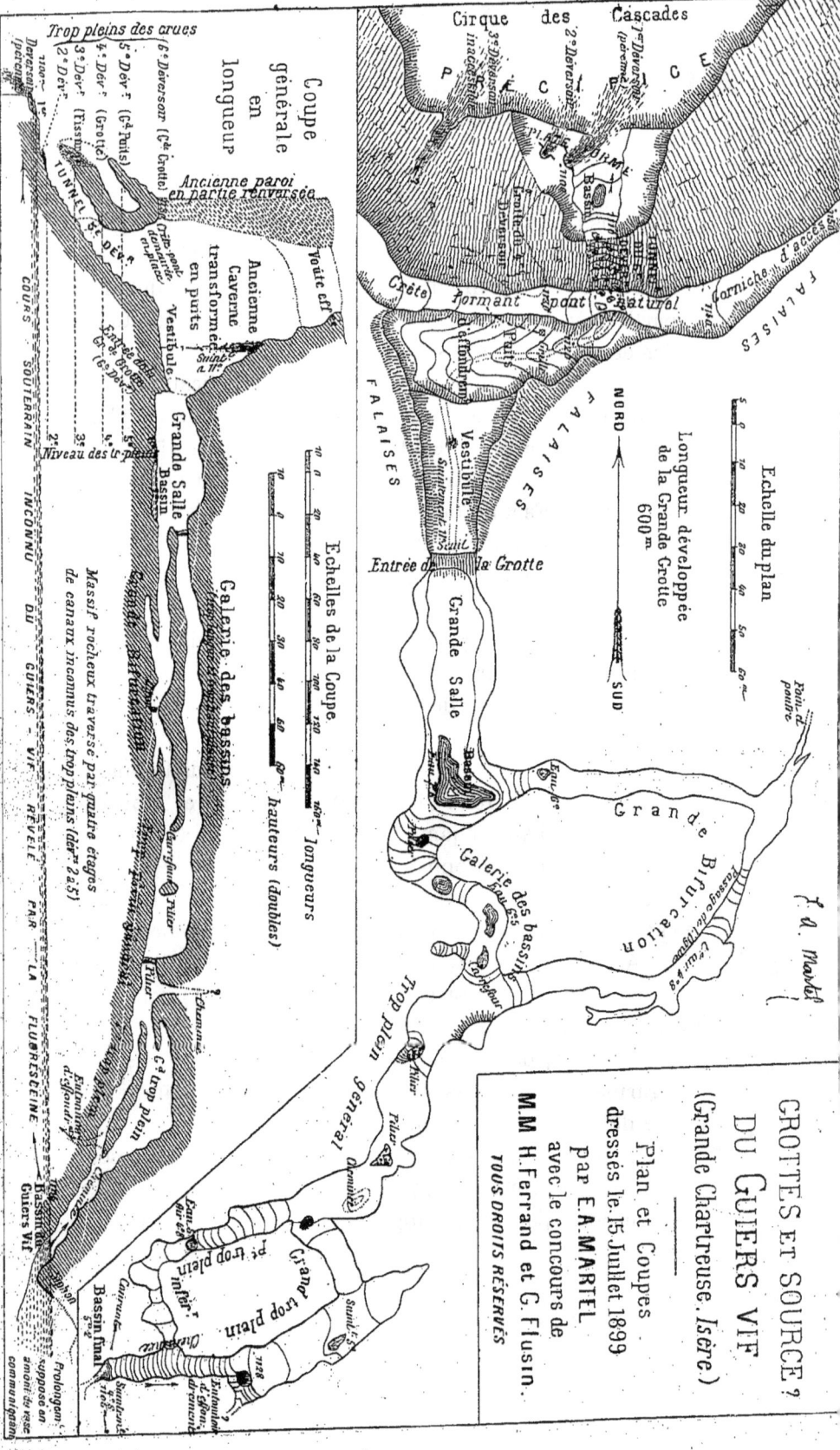

Echelle du plan

Point d'poudre

NORD
SUD

Cirque des Cascades

PERCE

Garniche d'accès

FALAISES

Crête formant pont naturel

Entrée de la Grotte

FALAISES

Vestibule

Grande Salle
Bassin

Grande Bifurcation

Galerie des bassins

Trop plein général

Grand trop plein

Bassin final

Prolongement supposé

Coupe générale en longueur

Ancienne paroi en partie renversée

Voûte en

Ancienne Caverne transformée en puits

Vestibule

Grande Salle
Bassin

Galerie des bassins

Niveau des tr.pleins

Trop pleins des crues

Echelles de la Coupe

longueurs
hauteurs (doubles)

Massif rocheux traversé par quatre étages
de canaux inconnus des trop pleins (1 à 5)

COURS SOUTERRAIN INCONNU DU GUIERS - VIF RÉVÉLÉ PAR LA FLUORESCÉINE

Déversoir

TUNNEL St. DEV.

Entrée de la Grotte

Entrée des puits

M. Ferrand), puis un quatrième, placé juste en dessus
du troisième, au fond d'une petite caverne ascendante
remplie d'éboulis pierreux, à travers lesquels l'eau doit
écumer avec fureur ; et enfin un cinquième, le plus
élevé de tous, qui couronne ce curieux échafaudage
de trop-pleins. C'est ce dernier qui permet de pénétrer
sous terre dans un labyrinthe d'environ 600 mètres
de galeries ; il ne peut cependant être abordé que par
un circuit spécial qui a jusqu'à présent empêché tous
les visiteurs de bien se rendre compte de la topographie et du mécanisme de la grotte du Guiers-
Vif.

On ne peut, en réalité, atteindre ce point (à 2 h. 1/2
de Saint-Pierre-d'Entremont) qu'en escaladant, à l'aide
de marches naturelles aisées, une barre de rochers
qui force à monter jusqu'à 1150 mètres d'altitude, pour
redescendre presque aussitôt sur une espèce de ter-
rasse (1140 mètres), qui s'abaisse et se transforme rapidement en une courte crête étroite (1130 mètres ;
1150 mètres Joanne, 1140 mètres Ferrand), véritable
sommet d'une muraille, isolée en avant de la falaise.
Il faudrait renoncer à expliquer l'état des lieux sans le
secours des figures ci-contre. On y verra (comme s'en
est fort bien rendu compte M. Ferrand, *op. cit.*,
p. 29) que la crête est en réalité un pont naturel, re-
couvrant les déversoirs de la rivière souterraine,
entre le précipice de la vallée au Nord, et, au Sud,
une sorte de large puits naturel, qui est le vestibule
de la grotte ; celui-ci a été formé par l'effondrement
d'une ancienne salle, dont la voûte s'est entièrement
écroulée, tandis que la paroi tournée vers la vallée est
restée en partie debout sous la forme du mur ou pont ;

la base du mur est perforée complètement par le cinquième déversoir et en partie seulement par le quatrième. Quand on se tient sur la crête du pont on a
devant soi, et presque au même niveau, l'orifice de la
grotte proprement dite, ou sixième déversoir ; — on
n'aperçoit pas alors la percée du cinquième déversoir ;
dissimulée à main gauche, dans l'angle inférieur et
oriental du pont, et l'on ne se doute guère que la
rivière souterraine tout entière s'écoule juste au-des-
sous de ce chaos fort difficile à démêler. Dix mètres de
descente aisée par un sentier tracé sur le parement
Sud de la crête-pont et fermé d'une grille (demander la clef à Saint-Même, chez Monnet, guide de
la grotte, qu'il connaît fort bien) mènent au milieu
de la salle effondrée en puits, vers 1120 mètres d'altitude. Là, deux itinéraires sont à prendre successivement.

Le premier tourne à main gauche, vers l'Est, con-
tinuant la descente assez praticable entre de gros
blocs, pendant une autre dizaine de mètres, jusqu'à
l'entrée d'un magnifique tunnel naturel taillé en
ogive ; au travers s'encadre toute la perspective de la
vallée de Saint-Même ; ce tunnel conduit à angle droit
vers le Nord. Avant de s'y engager il faut se retourner
et regarder vers l'Ouest pour se rendre compte, d'un
coup d'œil, qu'une grande diaclase, parallèle au front
de la montagne (falaise de l'Anche du Guiers), avait
permis aux eaux souterraines d'évider là une haute
salle verticale dont la voûte, un beau jour effondrée, a
fait place au grand puits à ciel ouvert. Et cela d'autant plus naturellement que, par suite de l'approfondissement constant de la rivière souterraine, par suite

de son enfouissement progressif, il avait fini par s'établir, sous le plancher de la salle primitive, plusieurs
aqueducs de sortie superposés ou juxtaposés dans la
masse rocheuse à travers les joints des stratifications :
nous retrouverons tout à l'heure au moins deux de
ces aqueducs ; le nombre des déversoirs trop-pleins,
énumérés ci-dessus, indique qu'il a pu y en avoir jusqu'à six. C'était donc, comme à l'issue de la rivière du
Tindoul de la Vayssière à Salles-la-Source (Aveyron, v.
mes *Abîmes*, chap. XIII), un véritable *delta* souterrain,
sapé par le courant sous la grande salle, qui s'est
trouvée minée à la fois par en haut et par en bas :
aujourd'hui tout le delta est enfoui, oblitéré, disparu
sous les décombres accumulés au fond du puits, et c'est
sous une épaisseur moyenne de 20 mètres d'éboulis que
l'aqueduc inférieur (premier déversoir, le seul pérenne)
débite les eaux d'étiage, tandis que celles des crues
s'échappent à de plus hauts niveaux, soit à travers les
interstices des blocs rocheux, — soit par les anfrac-
tuosités incomplètement perforées sous la muraille-
pont demeurée en place, — soit enfin par le tunnel du
cinquième déversoir ou même par la sixième et ultime
issue de la grotte principale, qui ne *joue* que lors des
très grandes eaux. — Ainsi comprise, cette ruine de
caverne est grandiose à contempler.

Pour traverser complètement le tunnel ogival, qui
donne à ce site étrange un intérêt non moins considérable que le fameux Bramabiau du Gard, une corde
est nécessaire, à cause de la pente rapide et du poli
glissant des roches sur lesquelles l'eau bondit une
grande partie de l'année. Au bout de la descente (d'environ 10 mètres encore), on débouche sur une assez

large plate-forme horizontale, où l'évaporation des
chutes intermittentes de l'eau a déjà formé des dépôts
de tufs calcaires ; j'y ai trouvé un petit bassin d'eau
stagnante, laisse de la dernière crue, et grâce au
faible débit de ce jour-là (15 juillet) j'ai pu, avec
MM. Flusin et Ferrand, dresser le plan ci-contre ;
identifier les différents déversoirs ; vérifier que le premier seul (altitude, environ 1100 mètres) fonctionnait
alors et s'écoulait immédiatement en cascade dans le
précipice contigu ; parcourir la caverne ascendante du
quatrième, laquelle a dû, jadis, communiquer avec le
grand puits naturel actuel, sous la forme d'un tunnel
soit très surbaissé, soit obstrué maintenant par l'effondrement de la voûte ; et constater enfin que le troisième déversoir, le plus accidentel, ne peut être abordé,
faute de corniches accédant aux fissures qui le constituent.

Bref, cette sortie si complexe du Guiers-Vif nous
met positivement en présence d'un orifice de caverne
imparfaitement démoli, d'une cavité-réservoir moins
complètement crevée que le vestibule de la Balme,
par exemple, dans l'Isère (v. mémoire 19 de la Soc. de
Spéléologie), mais plus avancée dans sa destruction
que celle d'où les eaux de Vaucluse ne peuvent s'é-
chapper que par une ascension d'au moins 30 mètres
hors d'un vrai vase communicant.

Ainsi Vaucluse, le Guiers-Vif et la Balme montrent
trois stades différents dans l'œuvre de désagrégation
que les rivières souterraines accomplissent aux dépens
des falaises calcaires. Et il est curieux de remarquer
que le plus faible de ces trois courants, la Balme, est
celui qui a ouvert le plus vaste porche, tandis que

le plus puissant, Vaucluse, n'a pas encore abattu la
digue qui le sépare de l'air libre ; à la Balme, l'œuvre
est consommée ; au Guiers-Vif, elle s'achève et se ter-
minera par la chute complète de la muraille-pont ; à
Vaucluse, elle n'est que commencée !

Mais qui supputera jamais le nombre de siècles nécessaires pour des évolutions pareilles?

Sur la plate-forme des déversoirs inférieurs nous
faillîmes être assommés par une grêle de pierres,
dont nous bombardait une troupe de chèvres s'ébattant
à 50 mètres au-dessus de nos têtes parmi les buissons
de la falaise. Certains de ces cailloux, faisant avalanches
détachèrent des parois friables, décomposées par les in-
tempéries, de gros blocs de rocs, indiquant, ainsi que
dans les flancs de l'Anche du Guiers, la démolition par
les eaux a peut-être procédé avec une rapidité relative,
dont nul indice cependant ne peut fournir la mesure.

Il faut remonter par le tunnel, seule voie d'accès à
la plate-forme, pour regagner le fond du grand puits
et suivre maintenant le deuxième itinéraire, qui conduit dans la grotte proprement dite.

Des roches glissantes, où une petite échelle est
d'agréable secours, montent jusqu'au seuil, précédé,
— sous les encorbellements de la falaise, vrais *arra-
chements* de la voûte écroulée, — d'un vestibule de
35 mètres de long. Le seuil est lui-même une barre
rocheuse, surélevée au-dessus de la première salle et
que les eaux n'ont pas encore emportée ; cette première salle, en temps de crue, devient un lac d'une
soixantaine de mètres de longueur, 20 de largeur et
10 de profondeur environ ; nous n'en trouvons plus que
le résidu, long d'une quinzaine de mètres (v. vue VII).

Il serait par trop fastidieux d'énumérer les accidents, descentes et montées successives, bifurcations et couloirs latéraux, éboulis et flaques d'eau, fissures, affluents d'infiltration, alternances de hautes diaclases et de joints bas, etc., amplement figurés dans les plan et coupes ci-contre, dressés en six heures d'exploration ; Joanne, d'ailleurs, d'après M. Taulier, les décrit avec exactitude, sauf qu'il n'existe dans toute la caverne aucune stalactite ou concrétion de quelque intérêt, et que le vent des courants d'air ne provient pas des fissures des lapiaz du Haut-du-Seuil, mais bien des dénivellations et rétrécissements de la caverne comme au Guiers-Vif et au Trou du Glas (v. ci-dessus).

Arrivons tout de suite à l'extrémité accessible de la grotte : la marche y est soudain arrêtée par un bassin d'eau, si obscur qu'on y met le pied sans le voir, partout fermé à quelques mètres de distance par la roche plongeante ; inutile d'y apporter un bateau, le magnésium montre qu'il n'y a nulle issue ; mais les gouttes de bougie flottant sur l'eau semblent révéler un léger courant. Cela suffit pour que je tente une expérience qui pourrait être bien concluante : à 2 heures, je jette dans le bassin, que je suppose être, comme au Guiers-Mort, un *regard* sur le courant souterrain du Guiers-Vif, 200 grammes de fluorescéine, de quoi colorer en vert-jaune intense environ 8,000 mètres cubes d'eau, et je note la température, égale à 5° 2 C. et l'altitude, environ 1105 mètres. J'expose à mes compagnons mon vague espoir de retrouver la coloration au déversoir extérieur, si la communication existe bien, comme me le fait croire la disposition des lieux, et si la transmission peut s'opérer avant la nuit. Les natu-

VII. — Grotte du Guiers-Vif. Vue de la première salle vers la sortie.
(Phot. de l'auteur ; — au magnésium.)

VIII. — Grotte du Guiers-Vif. Vue de la galerie de l'Ogive.
(Phot. de l'auteur ; — au magnésium.)

rels qui nous assistent se montrent comiquement ahuris, quand ils voient le sombre bassin transformé en simili-absinthe opalescente sous nos lumières. Tout à l'heure au sortir de la grotte, à 5 heures et demie, ils crieront presque « à la sorcellerie » en admirant le déversoir et la cascade du Guiers qui projetteront dans la vallée leurs volutes d'émeraude aux reflets métalliques.

Car l'expérience a réussi au delà de mes désirs et comblé mes vœux ; l'eau colorée a effectué en trois heures et demie (soit 210 minutes) le trajet d'un peu plus de 300 mètres à vol d'oiseau qui sépare le bassin final du déversoir inférieur ; l'inestimable indicateur qu'est la fluorescéine a donc démontré que le courant souterrain s'écoule ici, à travers d'inaccessibles canaux, à raison de 1 mètre 50 à la minute, les extrêmes scientifiquement constatés sous terre étant de 1 mètre (et même moins) et de 20 mètres à la minute. La propagation est donc lente, ce qu'expliquent d'ailleurs surabondamment la faible pente (1,66 %), — l'engorgement probable des canaux *à conduite forcée* — et l'encombrement de leur débouché par les éboulis de la sortie. Ajoutons que la température du déversoir était exactement celle du bassin souterrain, 5° 2.

Notons que l'écoulement coloré dura une heure et demie, de 5 heures à 6 heures et demie, ce qui, pour une estimation de 8,000 mètres cubes (pour 200 grammes de fluorescéine) donne un débit de 1 mètre cube et demi par seconde, chiffre généralement admis pour le débit d'étiage du Guiers-Vif. A 7 heures, l'eau colorée atteignait Saint-Même, ayant mis deux heures à descendre 300 mètres et à parcourir 2 kilomètres.

C'est donc bien le Guiers-Vif souterrain lui-même

que l'on rencontre au fond de la grotte, phénomène pareil au Guiers-Mort.

Et le fonctionnement de toute la caverne à titre de trop-plein est révélé par sa forme et par les détails suivants, qui expliquent comment, lors des crues, les déversoirs successifs dégorgent l'un après l'autre.

Le bas-fond du bassin final est prolongé, en aval et dans le sens vertical, par une ample galerie de 5 à 10 mètres de diamètre et de hauteur, inclinée de 40° environ sur l'horizon et encombrée de blocs d'éboulement; c'est par là que les visiteurs descendent au bassin, par la branche externe du tube en U, ou vase communiquant qui sert de cheminée d'ascension à l'eau, lorsqu'en amont, dans les inaccessibles fissures-réservoirs de la montagne, les pluies ont accumulé de hautes colonnes de liquide, auxquelles il faut une issue d'équilibre; l'immense intérêt de cette galerie est de faire voir matériellement ce qui doit se passer dans le tuyau ascensionnel, *exactement pareil*, mais *toujours plein d'eau*, de Vaucluse, dont un scaphandrier même n'a pu connaître le fond, en 1878. Il ferait mauvais de flâner dans la grotte du Guiers-Vif lors d'une *éruption d'eau.*

Il est présumable qu'on n'aurait pas le temps d'y échapper à une noyade assurée.

Mais combien il serait beau d'y contempler, en sûreté s'il y avait moyen, l'invasion de l'eau parmi les divers étages de la grotte. La cheminée, à moitié de sa longueur de 40 mètres (qui lui donne environ 23 mètres de hauteur verticale), envoie à main gauche (vers le Nord) une ramification tortueuse, où la roche est particulièrement rongée, corrodée par une eau sans doute très chargée d'acide carbonique, c'est le *petit trop-plein* de mon plan.

Droit à l'Est, la cheminée aboutit à la vaste galerie du *grand trop-plein,* horizontale primitivement, mais maintenant bouleversée par les éboulements, et surtout par celui qui paraît avoir complètement crevé son angle méridional ; là, en effet, on peut descendre de plusieurs mètres dans un entonnoir du plancher, plein de gros blocs qui ne tardent pas à l'obstruer, pour l'homme du moins, mais pas pour l'eau : c'est un point accidentel de vidange, formé par effondrement au-dessus du cours de l'aqueduc principal (inaccessible) et sous l'action de ces derniers. Un fort suintement par les diaclases de la voûte a contribué aussi au bouleversement du grand trop-plein. Celui-ci a essayé de se continuer vers l'Est, comme l'indique sa pointe en cette direction, mais la fissuration naturelle lui a procuré un plus commode échappement vers le Nord, par un coude qui lui fait rejoindre la galerie principale de la grotte, *trop-plein général* du Guiers-Vif. Un autre carré de fissures a constitué plus près de la sortie un second système de bifurcation (v. le plan) où je n'ai que deux choses à faire remarquer : 1° la régularité architecturale et la disposition en vase communicant du passage de l'*ogive,* érodé par l'eau et pareil à une petite nef d'église (v. vue VIII); 2° l'obstruction d'une diaclase en pointe, dirigée vers la sortie, par une forte pièce de bois et un gros amas de foin.

Sans prétendre, ce qui rentrerait pourtant dans les hypothèses plausibles, que ces matériaux soient descendus des haberts de l'Aup du Seuil par des crevasses d'absorption, il suffit de les regarder comme introduits dans la grotte par quelque visiteur ou berger, pour y voir une preuve de plus de la violence des courants qui circulent souvent dans ces galeries ; il a fallu une puissante chasse d'eau pour coincer la poutre et tamponner le foin comme ils le sont dans l'étroite fente d'où nous n'avons pas pu les extraire.

D'ailleurs les marmites de géants, cailloux roulés, dépôts de sable fin, stries des parois et coupoles des voûtes, montrent, ainsi que l'usure chimique des murailles, avec quelle énergie l'érosion et la corrosion ont travaillé à agrandir les cassures préexistantes de l'Anche du Guiers, pour y affouiller la caverne ; ce labeur elles le poursuivent de nos jours dans les étages inférieurs où l'on ne peut pas les suivre encore, mais qui, comme les supérieurs, n'attendent que le creusement d'un nouveau déversoir, plus bas placé, pour cesser d'être des canaux pérennes et se transformer à leur tour en simple trop-pleins temporaires.

C'est une fois de plus la loi universelle de l'enfouissement continu de l'eau courante et de l'asséchement progressif de l'écorce terrestre, qui se trouve ainsi formellement confirmée par les cavernes du Guiers-Vif.

D'où vient cette eau, qui, après les grandes pluies et la fonte des neiges, remplit toute la grotte et jaillit effroyablement par les six déversoirs à la fois ? Comme pour le Guiers-Mort, c'est, sans doute possible, des plateaux du Berceau de l'Aup du Seuil, où la cuvette ovale de la Forêt-Fondue et des haberts de Marcieu (1517 mètres), profondément encaissée entre des crêtes culminant à 1908, 1817, 1988 (rochers de l'Aup du Seuil et de Bellefonds), 1944, 1603 et 1918 mètres (crêtes des Lan-

IX. — Rivière souterraine du Brudoux.
(Phot. de l'auteur ; — au magnésium.)

ces) d'altitude forme un réceptacle bien favorable à la concentration des orages et des neiges : dans ce véritable *crible* concave, la roche fendillée engouffre toute l'eau froide des ruisselets, bus aussitôt que formés, et la température encore nous en donne, à la grotte du Guiers-Mort, la démonstration convaincante.

J'ai en effet, le 15 juillet, noté les suivantes :

Suintement extérieur dans le grand puits. . . .		11° C.
	Lac de la première salle.	7° C.
	Petit bassin à l'Est	6° C.
Eau stagnante	— au Sud.	7° C.
	— au Sud-Est	6° 5.
	— du petit trop-plein	5° C.
	— du grand trop-plein	5° C.
Eau courante	{ Premier déversoir. . . . }	5° 2.
	{ Bassin final. . . . . }	
Suintement près du bassin final.		4° 8.
Air à l'ogive et au petit trop-plein.		4° 8.

D'où il faut conclure :

1° Que le suintement du grand puits est un filet d'eau extérieur subissant la température du dehors ;

2° Que les bassins stagnants à 7° tendent à s'équilibrer vers la température moyenne correspondant à l'altitude (environ 8° pour 1100 mètres d'altitude) ;

3° Que dans l'intérieur de la grotte ils sont refroidis par la température ambiante ;

4° Que celle-ci (air et suintements des voûtes 4°8 et 5°) est trop basse de 3°, ce qui dénonce, comme au Guiers-Mort, une alimentation par des puits à neige ou des réserves d'eaux d'hiver ;

5° Que, même en été, les suintements de voûte sont

4

plus froids (confirmation du paragraphe précédent)
que le courant d'eau principal, qui marque 0°4 de plus
au point où on le rencontre sous terre au bassin final.

6° Qu'à 1100 mètres d'altitude et à 5°2 le déversoir
du Guiers-Vif ne peut pas être la même eau que Fontaine-Noire, moins froide (5°5) quoique plus haute
(1146 mètres), et qu'il y a donc indépendance entre
les deux systèmes des deux Guiers, ce que préjugeaient
d'ailleurs la géologie et la topographie des alentours.

A recueillir toutes ces données nouvelles, je n'ai
point certes perdu mon temps dans l'examen des pittoresques grottes du Guiers-Vif.

II. — **Suite de l'exploration de la rivière souterraine du Brudoux (forêt de Lente, Drôme)**.

Il n'y a rien à changer, pas même les cotes d'altitude (1190 mètres pour le pont du Brudoux et 1220
mètres pour l'entrée de sa caverne), à tous les détails
que j'ai fournis ici-même, il y a trois ans sur l'intérieur
de la remarquable *grotte du Brudoux* dans la forêt de
Lente (Drôme).

Et je n'ai qu'à reprendre mon récit de l'Annuaire
1896 (p. 144), au point où il avait été brusquement
interrompu par la désagréable chute dans l'eau à 5°5 C.
qui me contraignit à battre en retraite.

C'est le 23 juillet 1899 que j'ai pu continuer et mener à bien l'exploration inachevée. Le même accueil
empressé et la même précieuse assistance qu'en 1896
m'attendaient, à la maison de Lente, de la part de
M. Antelme, conservateur des forêts, du brigadier

RIVIÈRE SOUTERRAINE DU BRUDOUX

Plan de la 2.ª partie découverte le 23 Juil.ᵗ 1899
par E.A.MARTEL avec Lottier & Remy Perrin
et Coupe générale avec
la 1.ʳᵉ partie explorée le 13 Juillet 1896.

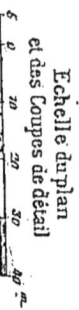

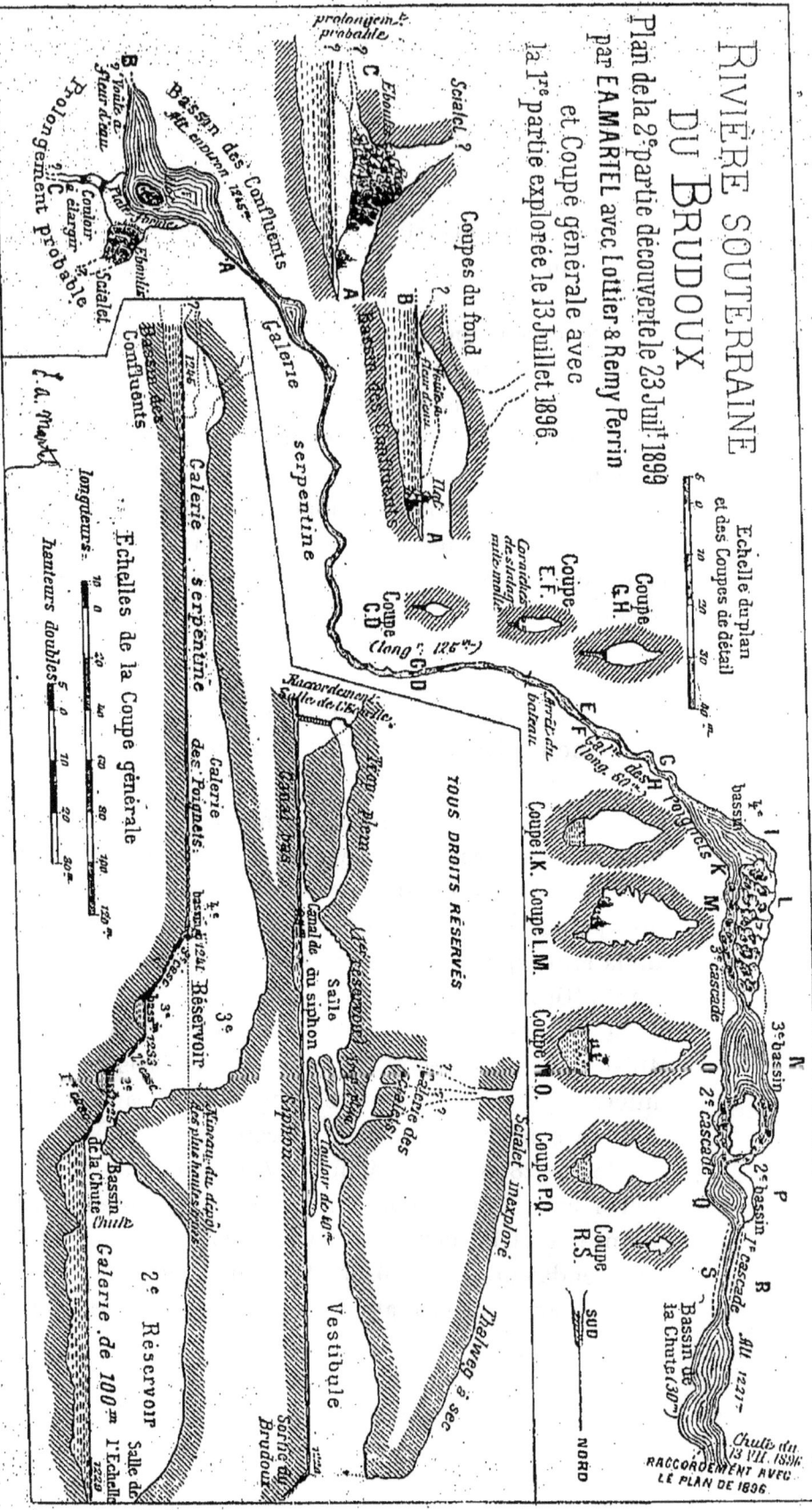

Echelle du plan
et des Coupes de détail

Echelles de la Coupe générale

longueurs :

hauteurs doubles :

TOUS DROITS RÉSERVÉS

J.A. Martel

SUD

NORD

RACCORDEMENT AVEC
LE PLAN DE 1896.

Chute du
13.VII.1896

Bassin de
la Chute (30°)

Salle de
la Chute
1229

2.ᵉ Réservoir

2.ᵉ Galerie de 100.ᵐ

Galerie de la Chute

Vestibule

Sortie du
Brudoux

M. Bouillanne et de tout le personnel des gardes ; je
leur renouvelle à tous, une seconde fois, l'expression
de ma bien sincère gratitude pour l'inestimable concours qu'ils m'ont prêté de nouveau, et qui cette année
a assuré enfin la réussite de l'entreprise.

Après un séjour d'une semaine entière, ce m'a été
un vrai chagrin de m'arracher au charme intense de
cette ravissante et hospitalière station.

Pour la partie déjà connue de la caverne, j'ai à noter
seulement que la galerie F, aboutissant à la salle du
siphon, est basse et que son extrémité a été l'objet,
il y a peu d'années, d'un travail sérieux de déblaiement ;
et en outre que le trop-plein J, aboutissant à la salle de
l'échelle s'élève d'une dizaine de mètres et est trop bas,
trop étroit et trop encombré de jolies concrétions pour
y faire passer un bateau.

En se reportant à mon article de 1896, on verra que
j'avais jugé indispensable d'introduire dans la galerie
de cent mètres, au fond de laquelle tonnait la cascade
invisible, un bateau quelconque pour pouvoir franchir
le second bassin d'eau (et probablement les suivants) où
j'avais exécuté mon involontaire plongeon. La grande
difficulté était de transporter l'esquif de la salle de
l'échelle (v. le plan ci-contre, prolongement pur et
simple de celui de 1896, Annuaire S.T. D., p. 146) dans
la galerie, par une étroitesse de 0 m. 60 seulement.
On ne pouvait songer à l'Osgood subdivisé en paquets,
faute de berges suffisamment larges pour en effectuer
le montage au point où la navigation s'imposait.
J'imaginai donc d'employer mon bateau Berthon, non
partageable comme l'Osgood, mais se repliant et dé-
pliant plus commodément ; et pour l'introduire dans le

gênant rétrécissement, je l'attachai solidement à une forte planche de sapin, large de 35 centimètres et longue de 3 mètres, laborieusement apportée de Lente jusqu'au cœur de la rivière souterraine. M. Bouillanne et tous ses gardes, Lottier, Dillenseger, Perriat, mon cocher Marius Vatilleux et un dévoué auxiliaire, Rémy Perrin, qui m'a rendu les plus signalés services pendant mes quinze jours de recherches souterraines en Vercors, rivalisèrent d'efforts et de bon vouloir pour transporter, non sans peine, jusqu'à la salle de l'échelle tout le bagage requis. Malheureusement, M. Décombaz, indisposé depuis quelques jours, ne put, à mon vif regret, participer à l'expédition.

Lié sur son radeau improvisé, le Berthon est lancé à l'eau dans l'étroite galerie où, par une heureuse chance, le débit me semble moins abondant qu'en 1896 et le courant plus faible. Immédiatement le poids du bateau fait retourner sens dessus dessous mon flotteur improvisé et, pendant un moment d'angoisse, j'appréhende de voir tout le système couler à pic, par suite de l'introduction de l'eau entre les deux toiles qui font compartiments étanches lorsque la barque est dépliée; heureusement qu'elle a été bien serrée, qu'il reste peu de vide dans la double enveloppe et que la planche est assez massive pour flotter juste à fleur d'eau ; voilà déjà une première difficulté vaincue. Combien d'autres vont suivre ?

Il serait bon d'être quatre, en cas d'accident, pour accomplir notre besogne : mais le Berthon ne peut porter que deux personnes en eaux très calmes ; chaque compagnon supplémentaire exigerait donc, à tous les bassins que nous pouvons rencontrer, un va-etvient qui ferait perdre beaucoup de temps. Or, il importe d'aller vite, car les crues du Brudoux sont promptes, l'orage menace et le baromètre baisse ; il serait imprudent de rester trop longtemps dans la grotte, au risque d'en être expulsés comme de simples galets roulés. Nous nous limitons donc à trois seulement : Rémy Perrin et le garde Lottier vont me suivre et, à une heure et demie de l'après-midi (après deux heures et demie de manœuvres préparatoires), nous nous engageons résolument dans la galerie de 100 mètres, tandis que nos autres auxiliaires restent en faction dans la salle de l'échelle ou vont se reposer à l'entrée de la caverne.

Pour avancer, nous procédons comme la première fois, suivant tantôt une corniche, tantôt l'autre, nous servant, par places et comme d'un pont, de l'échelle extensible qui flotte à notre suite, tandis qu'à coups de pied nous poussons devant nous le long paquet du radeau-bateau. Parvenus au bassin de la chute, nous commençons, instruits par l'expérience, par fixer à la muraille un respectable nombre de bougies allumées, ce que nous avons fait d'ailleurs derrière nous à chacun des angles de la galerie. Maintenant il s'agit de repêcher le Berthon, de le délier et de le déplier, sans le laisser couler à pic ! L'opération est délicate et demande réflexion : une fois de plus nous disposons l'échelle en travers de la galerie ; les trois sections rentrées l'une dans l'autre ne lui laissent que 3 mètres de long, mais triplent sa résistance ; pour en caler les extrémités, et en évoluant avec mille peines, nous choisissons, de part et d'autre du couloir, deux saillies d'apparence solide ; puis nous prenons position, un à

chaque bout et le troisième au milieu du précaire et
étroit plancher ainsi établi à fleur d'eau ; doucement la
planche de sapin est amenée bord à bord de l'échelle ;
et alors, accroupis en un scabreux équilibre, nous
entreprenons de soulever le lourd fardeau dont les
trois parties, barque, poutre et eau introduite, pèsent
bien 25 à 30 kilos chacune. Si notre petit échafaudage bascule dans les 4 ou 5 mètres d'eau que nous
avons sous les pieds, c'en est fait de mon exploration du Brudoux ! J'y renoncerai cette fois tout à
fait !

. . . .

O joie ! Une telle déconvenue me sera épargnée :
grâce à une adresse d'acrobates (en rivière souterraine !) le Berthon a été retourné, délié, soulevé,
déplié, vidé, tendu, mis à flot ! Embarquons pour voir
enfin cette mystérieuse cascade, qui bruit derrière un
coude rocheux, qui m'intrigue depuis trois ans et qui,
aujourd'hui, me semble tonner moins fort que la première fois ! C'est, je l'ai dit, que les eaux sont plus
basses : Perrin et Lottier préfèrent prétendre que la
chute d'eau fait la modeste, parce que nous allons la
mater.

Elle est plus éloignée que je ne le pensais d'ailleurs ;
à 30 mètres de distance, au bout d'un bassin coudé
qui peut avoir jusqu'à 7 mètres de largeur. Un va-etvient nous y amène tous les trois ; le Berthon ne prend
pas l'eau ; il n'est pas crevé ; tout va bien.

L'atterrissage n'est point commode ; la galerie se
rétrécit considérablement ; toute l'eau de la rivière
s'écroule dans une fente de 0 m. 50 de largeur, dont la
section ne s'élargit que dans le sens de la hauteur (voir

la coupe jointe au plan), montrant, comme les chutes
d'eau de Bramabiau (Gard), l'universelle tendance des
courants souterrains à se creuser, aux dépens des
roches, des lits de plus en plus profonds et étroits ;
il n'y a point de grève pour débarquer ; plusieurs corniches étagées en saillie ne donnent que de mauvais
points d'appui, cassants, glissants, inclinés. Toutes les
ressources d'une savante gymnastique doivent être
habilement déployées ; il se trouve, heureusement,
que la cascade est plutôt un rapide à très forte pente
(5 à 6 mètres de dénivellation, sur 10 mètres de longueur) qu'une chute verticale ; nous pouvons donc,
Rémy et moi, l'escalader sans échelle et, au sommet,
reconnaître successivement un petit lac ou bassin,
que nous contournons, du côté droit (rive gauche), sur
des rocs éboulés, puis une deuxième cascade (ou série
de rapides) haute de 8 mètres, assez facile à gravir, et
enfin un troisième bassin long de 15 mètres et profond, où le bateau redevient indispensable. Nous rega-
gnons ensuite le pied de la première chute, où Lottier
est demeuré à la garde du Berthon, et, malgré les dif-
ficultés de la manœuvre, nous décidons de tenter le
portage jusqu'au troisième bassin qui nous a barré la
route à pied.

La fissure de la cascade est si étroite qu'il faut re-
plier le bateau en le maintenant hors de l'eau. Je ne
sais plus trop comment nous y avons réussi sans tomber tous dans la rivière. Je me rappelle seulement
que, Lottier restant au bord du bassin, j'étais grimpé
au-dessus de sa tête, et que Rémy, à l'amont, s'élevait,
dans la cascade même, à peu près à mon niveau,
composant ainsi la figure d'un triangle rectangle,

vivant, mouillé et branlant. Pour conserver notre
triple équilibre, les jambes écartées en travers de la
galerie, avec chacun un pied posé sur les corniches de
l'une et l'autre paroi, il ne fallait pas compter sur nos
mains, occupées à manipuler la barque ; tandis que
Rémy et moi la tirions à nous par des cordes attachées
à chaque extrémité, Lottier parvenait à l'élever et à
la poser sur sa tête, la soutenant ainsi jusqu'à ce que
j'aie pu, au risque d'un écroulement général, détendre
les quatre ressorts et rabattre les deux côtés ; alors,
glissant sous les jambes de Rémy, Lottier grimpa derrière lui et nous pûmes, en faisant la chaîne à deux ou
trois reprises successives, amener le précieux objet
jusqu'au sommet de la première cascade ; le plus grand
obstacle était vaincu ; nous fîmes suivre aussi l'échelle
extensible, laissant garée dans un recoin de la rivièr
notre lourde *planche de salut* qui ne devait plus nous
servir que pour le retour.

Nous sommes pressés de naviguer sur le troisième
bassin et nous nous hâtons de le franchir ; il a 15 mètres de longueur et aboutit à une troisième cascade,
étagée en rapides comme la seconde, et rachetant une
dénivellation de 8 mètres par un parcours de 30 mètres, sur des blocs d'éboulis glissants, qui encombrent
le côté droit (rive gauche) du courant ; au delà, un
nouveau bassin s'étale, en apparence à perte de vue.
Continuons notre rude labeur, amenons le Berthon sur
nos épaules jusqu'à ce quatrième *lac ;* et, cela fait,
installons-nous sur une assez commode table de
pierre, pour prendre un instant de repos et inspecter
un peu les alentours. Depuis longtemps nous sommes
trempés de pied en cap ; mais il n'est pas question de
séchage.

Le magnésium nous a vite montré que la galerie, relevée de plus de 20 mètres, depuis le pied de la première cascade, est redevenue large (jusqu'à 12 ou 15 mètres) et haute (peut-être 25 mètres). Il est évident qu'au-dessus de la première cascade, le courant souterrain s'est buté à une portion de roche, compacte, exempte de fissures, lui barrant la route horizontale et le forçant à chercher une voie dans des crevasses inférieures plus étroites, qu'il a fini par trouver ; mais non sans lutte avec les cassures d'amont, où les efforts de l'eau ont produit de plus larges vides et surtout ces éboulements qui, formant barrages naturels, ont créé la double série des deuxième et troisième rapides, et les biefs d'eau maintenus en dessus d'eux. La plus grande profondeur d'eau que j'aie trouvée est de 6 mètres ; j'ai oublié de noter exactement en quel point. C'est l'uniforme et constant *processus* de toutes les rivières souterraines.

Ce qui va venir sera plus nouveau.

Une fois de plus le Berthon est à flot : Lottier y monte avec moi. L'un de nous viendra tout à l'heure, s'il est nécessaire, rechercher Rémy, que nous laissons sur le rocher et qui, pour égayer sa solitude, clame à tue-tête les premières chansons qui aient retenti dans l'imposant souterrain ; le bruit des cascades l'accompagne d'un trémolo fort majestueux.

Ajoutons que nous ne sommes encore qu'à 220 mètres du lac de l'Échelle, 120 mètres plus loin qu'en 1896 : il nous a fallu deux heures un quart pour ce court trajet.

Au delà le bateau nous porte, Lottier et moi, dans un sinueux canal, large d'abord de 4 ou 5 mètres, puis

seulement de 0 m. 80 à 2 mètres, et dont la hauteur
s'abaisse rapidement de 20 à 15, puis à 10 et 8 mètres.
Je l'appelle *canal des poignets*, parce que, aux endroits
les plus étroits, nous devons, pour faire passer le canot
(large de près d'un mètre) le soulager de notre poids
pour diminuer son tirant et sa section immergée, et
cela en nous appuyant et en nous soulevant à la force
des poignets sur les deux parois du couloir.

Ainsi, et grâce à la section ovale de la galerie (très
rétrécie vers le bas, v. la coupe), nous avançons de
60 mètres, en une demi-heure de ce désagréable exer-
cice, surtout pénible au début parce qu'à chaque instant les appuis cèdent sous nos poings : nous nous
rendons compte assez vite que sur les deux rives, en
effet, court, d'un bout à l'autre du canal, à 0 m. 30 au-
dessus de l'eau, une trompeuse corniche inconsistante,
qui se détache à la moindre pression ; c'est une sorte
de cimaise horizontale, faite d'un mélange d'argile et
de stalagmite molle (ce que les Allemands nomment
mondmilch ou lait de lune), ciment boueux que les
doigts défoncent ou détachent en gros paquets gluants.
Je ne me rappelle pas avoir encore rencontré de dépôt
de ce genre dans les rivières souterraines ; il est ici
d'une importance capitale, car il marque, sans aucun
doute, le niveau maximum qu'atteignent les crues
qui, en s'élevant plus haut, ne manqueraient pas de
l'emporter ; il indique aussi que, jusqu'à ce niveau, les
eaux de ces crues doivent s'accumuler et s'élever dans
la partie aval de la grotte, grâce aux obstacles de retenue que forment les siphons plus rapprochés de la
sortie, mais pas plus haut, sans doute, à cause de la
dénivellation de plus de 20 mètres des trois cascades,

qui procure un écoulement relativement rapide aux
eaux d'amont ; et il montre enfin que toute la partie
supérieure de la caverne ne doit plus, de nos jours
du moins, jouer ce rôle de réservoir, spécialement
réservé maintenant à la partie aval depuis le roc où nous
attend Rémy ; aussi je me demande si, à l'endroit où
nous sommes parvenus ici, nous ne devons pas être
bien rapprochés d'un point de concentration, où la
réunion de plusieurs filets ou venues d'eaux consti-
tuerait la vraie origine de la caverne, la source souterraine, pour ainsi dire, du Brudoux.

Et de fait, ce que nous allons encore découvrir va
tout à l'heure affirmer la justesse de cette hypothèse.

Au bout des 60 mètres que nous venons de gagner
presque à la force des poignets, les dimensions du conduit diminuent de plus en plus, le bateau ne trouve
plus assez de fond ni de largeur pour continuer ; nous
mettons *pied à l'eau* et tirons la barque hors du courant en la calant dans un *étroit*, car les murailles sont
lisses et polies (grâce au travail des eaux anciennes) au
point de ne pas offrir la moindre saillie d'attache. Si
par malheur nous retrouvons encore un bassin large
et profond, il nous faudra revenir en arrière, chercher
le bateau et le transporter plié pour une nouvelle navigation. En aurons-nous l'énergie ? Car, bien que nous
ne soyons sous terre que depuis cinq heures et demie
de temps, nos vêtements, trempés d'eau glaciale à 5°5,
commencent à nous ankyloser sérieusement, et peu à
peu force et souplesse se fondent sous cette humide
froideur.

Marchons toujours, ou plutôt pataugeons sans merci
dans l'aqueduc ovale régulièrement amoindri, n'ayant

plus que 5 mètres de hauteur, un demi-mètre de largeur au ras de l'eau et 1 m. 50 à 3 mètres au milieu,
et désespérement prolongé en capricieuses sinuosités.
On se croirait dans un luxueux égout de marbre, tant
les murailles en sont lisses. Le carnet-boussole à la
main pour dresser le plan, je compte les pas, tandis
que Lottier estime les distances à l'œil et nos évalua-
tions coïncident toujours à un ou deux mètres près :
voici 25 mètres, puis 50, puis 100 et l'interminable ser-
pentin se déroule toujours, poli comme de l'ivoire et
s'élevant en pente très douce, ce qu'indique bien le
courant assez vif du ruisseau ; les dépôts argilo-cal-
caires des parois disparaissent, la profondeur d'eau
varie de 0 m. 10 à 1 mètre ; souvent nous sommes, dans
ce lit à fond irrégulier, immergés jusqu'au ventre ;
c'est ce qui nous paraît le plus pénible à cause de la
basse température ; il faut de fréquentes gorgées de
cognac et un mouvement perpétuel pour éviter la con-
gestion. La monotonie achève de rendre la situation
critique. 40 mètres encore, et, une fois de plus, voici
que l'eau redevient large et profonde, sans doute quelque fatal bassin qui, pour moi du moins, limitera la
rude exploration : comme lors de la première expédition de Padirac avec Gaupillet, en 1889, je me demande
s'il va me rester assez de vigueur pour le retour en
arrière.

Mais, à la lueur du magnésium, la position s'amé-
liore : la voûte s'abaisse vers la droite ; si ce pouvait
être la roche immergée, le siphon habituel, l'obstacle
terminal, en un mot la *fin* de la recherche !

La palette de pagaie, longue d'un mètre, qui me
sert de canne, nous fait un bien court et fragile petit

pont, pour gagner à main gauche une corniche,
dont nul écroulement ne nous précipite dans le bassin,
et enfin nous parvenons à prendre pied sec sur une
plate-forme rocheuse, où nous allons recueillir tout le
fruit de nos efforts. La chance, cette fois, nous a ré-
compensés et nous voici rendus au plus curieux *carre-
four* que j'aie jamais rencontré sous terre. Il est large
de 15 à 20 mètres. En face de nous le bassin se prolonge vers le Sud-Est, d'une quinzaine de mètres encore ; aucun courant n'en ride la surface ; vers le fond,
la voûte se déprime, et l'espace se rétrécit jusqu'à un
tout petit trou d'un pied à peine de diamètre ; aucun
bateau n'y passerait ; mais l'immersion n'est pas complète, et il est certain qu'en amont de cette vanne naturelle, dont la section limite le débit de l'eau, se prolonge plus ou moins loin et plus ou moins haut, l'aqueduc naturel dont nous venons de découvrir un total de
350 mètres de plus qu'en 1896. La disposition est toute
pareille à celle de la salle de la Place d'Armes à la
grotte de Han sur Lesse (Belgique). Mais il ne peut
être question de renouveler ici l'épreuve dangereuse
que j'ai effectuée à Han le 20 septembre 1898, en pas-
sant à la nage sous la roche par le petit trou (v. *C. R.
Ac. Sc.*, 24 octobre 1898, et *la Nature*, 4 et 18 février
1899). A Han d'ailleurs, cet imprudent procédé ne m'a
fait découvrir qu'une petite salle circulaire de 10 mètres de diamètre et de hauteur, de tous côtés close par
la roche mouillante, et où l'eau n'arrive qu'en dessous,
à conduite forcée, par vase communicant. On ne saurait dire si la disposition est la même au delà du dernier bassin d'eau du Brudoux, ou si, au contraire, la
voûte s'y relève et s'y prolonge en une suite d'aqueduc

non immergé, analogue à celui qui nous a amenés jusqu'ici. Pour être fixé il faudrait revenir en ce point
après une longue sécheresse, quand le Brudoux ne
s'écoule plus hors de la grotte, ce qui arrive fort rarement. Qui sait même alors si le réservoir qui nous arrête se trouverait lui-même suffisamment vidé pour
qu'on pût passer sous la vanne ?

Mais qui sait, d'autre part, si l'on ne réussira pas,
d'une manière plus simple, à tourner l'obstacle : car
lorsque, sur notre plate-forme, nous décrivons un quart
de cercle à gauche (vers l'Est), nous sentons un fort
souffle d'air nous frapper au visage et menacer nos
bougies. Qu'est-ce encore ?

A 5 mètres au-dessus du niveau de l'eau, une galerie
basse, horizontale, s'ouvre dans la roche ; avec plusieurs bougies garanties de mon mieux contre le vent,
j'y rampe de quelques mètres jusqu'à ce que, hauteur
et largeur se trouvant réduites à 0 m. 20, le passage
devienne impossible. Lottier est même obligé de me
tirer par les pieds pour me faire sortir de l'étroitesse
où je suis engagé.

Mais le courant d'air, conformément à ce que j'ai dit
plus haut à propos de la grotte du Guiers-Mort, dénonce en toute certitude, non pas une communication
directe avec des fissures du plateau supérieur, aujour-
d'hui certes plus chaud que la grotte, mais bien l'existence, en amont de l'étranglement, d'un vide plus
grand ; de sorte qu'il y a là quelque chance, si l'on veut
bien un jour agrandir le trou où je n'ai pu passer, de
rencontrer soit une autre salle ou galerie, convergeant
vers la principale, soit même, conformément à ce qu'on
a observé dans quantités de grottes à rivières souter-

raines, un passage latéral servant de trop-plein, et permettant de contourner (v. *C. R. Ac. Sc.* du 18 mai 1896) la vanne rocheuse du dernier bassin. Ainsi les obstacles qui ont arrêté notre exploration du Brudoux sont de nature à être vaincus par des moyens artificiels, et il faut considérer que le dernier mot des recherches n'est pas dit dans cette remarquable caverne !

D'autant plus que, revenus à notre corniche et décrivant un autre angle droit vers le Nord (en tournant le dos au bassin), nous découvrons, grâce au magnésium, un troisième prolongement probable : mais lui non plus ne veut pas nous révéler ses secrets, car c'est un scialet intérieur, un puits vertical perçant la voûte, comme dans la petite galerie des scialets proche l'entrée de la caverne, et on ne pourra le visiter qu'avec de spéciaux moyens d'ascension. Le pied en est obstrué d'ailleurs par de gros blocs d'éboulis, dont l'un même a été faire un îlot rocheux dans le bassin. Il faudrait en chercher l'orifice supérieur, sans doute dissimulé sous des buissons ou même bouché par la terre végétale, dans le thalweg extérieur qui remonte vers Fondurle, en contre-bas de la route de Vassieux. Et, ici encore, je dois faire connaître des particularités intéressantes. Il résulte de mon plan et des indications de la boussole, que le Brudoux souterrain suit la même direction générale, vers le Sud-Sud-Est, que ce thalweg, sous lequel nous avons pénétré, à vol d'oiseau, d'environ 600 mètres ; comme la cote 1314 de la carte est encore à 200 mètres plus au Sud, il est certain qu'au-dessus de nos têtes le sol est tout au plus à 1300 mètres d'altitude ; or, nous nous trouvons de 25 mètres environ plus haut que le seuil de la grotte

du Brudoux (1220 mètres), soit vers 1245 mètres ; le
scialet où nous ne saurions grimper pourrait donc
n'avoir que 55 mètres de profondeur, ce qui est très
modéré pour un puits naturel de ce genre. Je rappelle
(v. Annuaire S. T. D., 1896, p. 156) que c'est seulement après les très fortes pluies qu'un peu d'eau descend dans le thalweg, jusqu'au point où s'ouvre la
grotte du Brudoux ; en amont, son lit et ses versants
absorbent les pluies par de multiples scialets aboutissant aux voûtes crevassées du souterrain ; c'est au pied
de l'un de ces *affluents* que nous sommes arrêtés en
ce moment. Et je remarque, en cette station, avec
quel éclat sont confirmées plusieurs des idées que j'ai
déjà maintes fois émises sur la circulation intérieure
des eaux dans le calcaire : d'abord il est constant que
le Brudoux, obéissant à l'universelle loi d'enfouissement qui résulte de l'action de la pesanteur, de la
fissuration des roches et des effets érosifs et corrosifs
de l'eau courante, a troqué, contre un canal souterrain,
le lit aérien, dans lequel il a fini par s'absorber en
une succession de *fuites* ou *saignées* (pots ou scialets),
qui ne sont plus que ses tributaires intermittents ;
ensuite il se trouve que là, comme je l'ai constaté en
bien des endroits (v. *les Abîmes*, 102, 184, 211, 298, etc.),
la réapparition ou résurgence du Brudoux par la
grotte est contiguë à l'ancien lit desséché, et que l'enfouissement s'est effectué aussi exactement qu'il l'a pu
sous l'axe vertical de cet ancien lit ; puis le système
de drainage interne des calcaires, du *soutirage* des
pluies externes, nous saute aux yeux dans toute sa net-
teté, nous expliquant, une fois de plus, les causes et
la rapidité des crues de cavernes ; enfin, nous obte-

nons un nouvel et frappant exemple de ces confluents
souterrains qui, dans l'intérieur des plateaux calcaires,
concentrent en grosses rivières les petits ruisseaux et
les filets d'eau ; au fond accessible du Brudoux, ce
confluent est triple, comme celui, beaucoup plus petit
d'ailleurs, déjà découvert le 17 août 1893 par M. E.
Rupin, au fond de l'Œil de la Dou, dans la Corrèze
(v. E. Rupin, *Bull. Soc. scientif. et archéolog. de la
Corrèze*, t. XV, 1893, et mes *Abîmes*, pp. 353, 356) ;
ceux de Planina (Carniole), de Marble-Arch (Ir-
lande), etc., sont plus imposants, certes, mais doubles
seulement et moins profondément cachés dans les entrailles de la terre. Ici donc j'ai réussi, en résumé, à
découvrir cette « concentration des veinules en un
« canal unique », dont j'avais prévu l'existence et es-
compté la trouvaille en 1896 (Annuaire S. T. D., 1896,
p. 163).

Voilà une récolte de constatations qui ne me fait
regretter ni le temps employé ni la peine prise ; et,
bien que ne pouvant pas considérer comme absolument close l'ère des investigations dans le Brudoux
souterrain, je me déclare pleinement satisfait de ce
que j'ai réussi à y trouver pour ma part. A d'autres le
soin de continuer le travail, qui ne manquera point
d'être dangereux, à cause des risques de crues, et ne
devra être entrepris qu'après une période de sécheresse et par un beau temps assuré, sous peine de
graves catastrophes !

Il est temps de rejoindre Rémy, que nous retrouvons sur son roc, transi et inquiet, car nous avons mis
deux pleines heures à effectuer, aller et retour, un
trajet de 230 mètres et à prendre les notes indispen-
sables.

La plus difficile partie de tout le parcours est décidément le transport du bateau par-dessus la première cascade.

En revenant, la manœuvre fut encore plus compliquée ; il s'en fallut d'un rien que la barque en toile ne se crevât complètement sur une pointe de roche ; et, un moment après, elle nous échappa des mains si malheureusement, dans l'incommode posture que j'ai décrite ci-dessus, que nous dûmes la déplier, l'avant déjà complètement immergé, ce qui la remplit d'eau à moitié. Bref, les embarras de la galerie de 100 mètres, du ligottage sur la planche, des traversées sur l'échelle-pont, se renouvelèrent sans accident.

A sept heures et demie nous retrouvions, sous le porche d'entrée de la caverne, nos braves gardes fort anxieux de notre sort, car, depuis plusieurs heures, la pluie tombait à verse et le Brudoux ne pouvait tarder à gonfler. Notre premier soin fut de dépouiller, contre des secs, tous nos vêtements trempés à tordre, et le second de satisfaire aux exigences d'estomacs, qu'un bain à peu près permanent de six heures avait soumis à une diète complète.

A onze heures du soir nous rentrions à la maison forestière de Lente, harassés par une laborieuse mais fructueuse journée de treize heures.

Le lendemain, pluie et fatigue nous imposèrent repos bien gagné : le Brudoux avait considérablement grossi ; je n'en avais plus cure, lui ayant, à la fin, arraché ses principaux secrets !

Au sortir de l'exploration, j'avais d'abord envisagé la possibilité d'utiliser la grotte du Brudoux comme réservoir d'eau potable, en construisant un barrage à

l'entrée, et j'avais, en ce sens, adressé à M. Et. Mellier (de Valence), qui s'occupe avec souci de ces graves
questions hygiéniques, une lettre publiée dans le *Jour-
nal de Valence* du 10 août 1899.

Depuis, j'ai réfléchi qu'un tel travail serait sinon
inutile, du moins insuffisamment efficace.

D'une part, en effet, la capacité de la partie connue
de la caverne, un kilomètre de développement sur une
moyenne approximative (probablement exagérée) de
15 mètres de hauteur et 6 de largeur, peut être très gros-
sièrement évaluée à 90,000 mètres cubes au maximum ;
à raison d'un demi-mètre cube seulement de débit
(500 litres) par seconde, un tel réservoir, entièrement
plein, mettrait un peu plus de deux jours (deux fois
86,400 secondes) à se vider ; cela ferait une assez
maigre provision. D'autre part, comme les fortes pluies
le rempliraient certainement beaucoup plus vite, on
pourrait craindre que la pression des eaux intérieures
ne fît sauter le barrage, si solide qu'il fût, ou tout au
moins n'ouvrît d'autres passages au liquide, *ce qui s'est
produit à la grotte de Milandre, près Porrentruy (Suisse)
où l'on a jadis fait un infructueux essai de ce genre.*
Enfin, troisième objection et non la moins grave, étant
définitivement confirmé que le Brudoux tire bien son
origine des infiltrations du plateau de Fondurle, on est
en droit de se demander si les innombrables troupeaux qui en paissent les pâturages ne risquent pas,
par leurs abondants fumiers, de contaminer parfois
l'un ou l'autre des ruisselets temporaires, qui sillonnent
ces hauteurs, et de rendre ainsi bien problématique la
pureté des eaux du Brudoux. Je ne sache pas que l'adduction partielle faite à la grotte, pour les besoins de la

maison forestière de Lente, ait encore provoqué des maladies dans ce poste ; mais une telle éventualité n'est pas qu'une pure hypothèse, et je conclus formellement que le Brudoux n'est pas une vraie source, sûrement et hygiéniquement filtrée dans ses terrains d'origine, et qu'il peut accidentellement pâtir d'une dangereuse contamination, tout comme le Cholet, son prolongement, exposé, je l'ai expliqué il y a trois ans, aux infiltrations cadavériques du répugnant scialet Félix.

Que boire alors, et où est le remède, me dira-t-on, si, jusqu'au cœur des plus solitaires montagnes, au pied des plus grandioses forêts, des fontaines à 1200 ou 1500 mètres d'altitude ne présentent pas toutes les garanties de sécurité ?

Hélas, je puis seulement répondre que, si le mal est signalé, les mesures qui pourraient nous en défendre sont bien difficiles à prendre. Aussi longtemps surtout que les pouvoirs publics négligeront de les prescrire et de les assurer, et laisseront l'initiative individuelle seule et impuissante en face de ce funeste état de choses. Et je m'arrête, sur ce triste chapitre, en renvoyant au nouveau cri d'alarme jeté en février 1900 à l'Académie de Médecine, à propos de l'alimentation de Paris en eaux de sources, par M. le Dr Thoinot. Ce savant hygiéniste sera-t-il, cette fois, mieux écouté que moi-même, depuis 1891 ? Je le souhaite, sans oser l'espérer !

III. — Les scialets du plateau de Lente.

Mes descentes dans sept scialets ou gouffres (dont deux déjà visités en 1896) ont été couronnées de moins

de succès que la pénétration du Brudoux. Un seul,
celui de la Cèpe, à Vassieux, nous a menés à une réserve d'eau, impossible d'ailleurs à parcourir.

Je les décrirai du Nord-Ouest au Sud-Est, depuis le
fond de la Combe-Laval, au-dessus de la soi-disant
source du Cholet, simple réapparition définitive du Brudoux, jusqu'à la *source de la Vernaison*, au pied septen-
trional du col de Rousset, où passe la route des Grands-
Goulets à Die.

Rappelons d'abord, avec M. Étienne Mellier, que le
col de la Marine de la carte au 80,000e (Vizille, N.-O.)
s'appelle réellement *col de la Machine*, à cause de l'ap-
pareil élévatoire qui, jadis installé en ce point, fut
longtemps le seul moyen de transporter les pièces de
bois et autres fardeaux jusqu'en bas de la Combe-Laval ;
l'extrémité de cette combe forme ici, non pas un col
proprement dit, mais un magnifique précipice vertical,
haut de 230 mètres et surplombant même la cascade
et le bassin, par où le Cholet jaillit des entrailles du
plateau. Il ne reste plus trace de cette machine, pas
plus que du lit de torrent, qu'à une lointaine époque
géologique le Brudoux a certainement parcouru jusqu'ici ; peut-être était-ce antérieurement au creusement de la Combe-Laval, en tous cas, certes, avant que
le Brudoux s'absorbât tout entier, même lors des plus
fortes pluies, dans les *pots* qui jalonnent aujourd'hui
tout le cours du primitif thalweg, partiellement dissimulé sous les cultures, les prairies et les bois du haut
bassin de Lente. Celui de ces pots qui est le plus rapproché du col de la Machine est même creusé à 8 mètres en contre-bas de ce seuil. Au bord du soi-disant
col de la Machine (altitude, environ 1015 mètres),

pourvu vers le Nord de la plus admirable vue sur
Combe-Laval et le Royannais, une belle diaclase longue de 15 mètres, large de 0 m. 50, encombrée de
pierres jusqu'à plus de 4 mètres de profondeur visible,
doit être sautée comme une vraie crevasse de glacier ;
c'est un typique exemple de ces innombrables cassures
verticales de l'urgonien, dont fourmillent aussi les falaises de la nouvelle et splendide route forestière du
col Gaudissart. Il est facile de concevoir qu'au sein de
ces fendillements multiples, le Brudoux se soit peu à
peu frayé les voies souterraines mystérieuses, qui ne le
laissent reparaître qu'au Cholet et où, cette année encore, aucun scialet ne m'a permis d'accéder.

1o Le premier que j'aie vu est plutôt une caverne
(grotte du col de la Machine), à 2 ou 300 mètres à
l'Est et à 50 mètres (altitude 1065 mètres) au-dessus
du col. Elle s'ouvre en entonnoir au milieu de la forêt
et descend rapidement de 25 mètres en s'évasant,
comme le montrent les plan et coupe ci-contre. Vaste
poche ovale longue d'une centaine de mètres, large de
de 10 à 60 et mesurant bien jusqu'à 20 de hauteur,
elle a dû, je pense, former jadis plutôt un exutoire
qu'un point d'absorption ; exutoire vomissant les infiltrations des hauteurs voisines et tributaire de
l'ancien Brudoux aérien ; son seuil d'entrée et le ra-
vinement, qui le prolonge à l'extérieur, dénotent bien
que son fonctionnement normal devait être celui d'un
canal ascensionnel comme Vaucluse et comme la cheminée du fond de la grotte du Guiers-Vif. Aujourd'hui
elle est trop haut placée, et la rivière souterraine trop
bas enterrée, pour jouer ce rôle ; ce n'est plus qu'une
bouche de *fontaine morte ;* d'énormes éboulis l'encom-

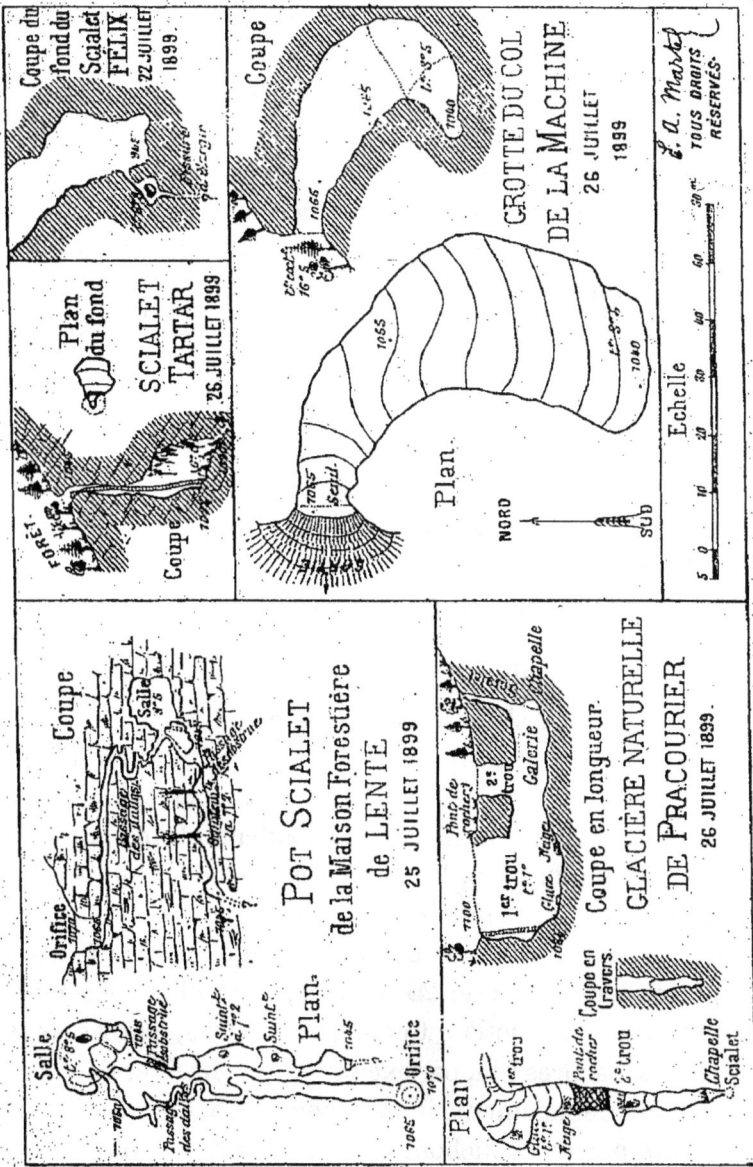

brent et obstruent complètement son fond, dont la
température est remarquablement basse, 3° 5 contre

16° 5 à l'extérieur (sous bois, le 26 juillet) et environ
8° pour la moyenne normale. Comme je l'ai déjà expliqué souvent, à propos des glacières naturelles et
notamment de celle de Fondurle à Lente même,
c'est la figure de la cavité qui provoque cette ano-
malie : la *forme en sac* et le rétrécissement en dessous
de l'orifice favorisent l'introduction et la chute de l'air
froid et lourd de l'hiver, et empêchent l'air chaud et
léger de l'été de s'y substituer pendant la belle saison,
par suite des différences de poids spécifiques.

2° A cinq ou six cents mètres au Sud et sur le même
versant du col, le *scialet Tartar*, également caché sous
bois est, au contraire, un vrai puits naturel d'absorption,
tout de suite vertical. Sa bouche s'ouvre à 1045 mètres
d'altitude. On m'en avait dit de terrifiantes choses : il
devait son nom à un garde précipité par des bracon-
niers (comme au scialet Félix), — sa profondeur était
incommensurable, — les pierres y roulaient pendant
des minutes... Je suis blasé sur ces histoires... Mais
ici l'exagération a dépassé la mesure ! Le 20 juillet,
un sondage préliminaire accuse 23 mètres ! Cela ne
peut être qu'un premier puits, affirment les gardes !
Six jours plus tard, la descente effective montre que
ce puits est bien unique, aboutissant à une petite salle
de 8 mètres sur 6 mètres, dont la légère pente fait une
profondeur totale de 25 mètres, sans plus ! Au point
extrême, obstruction totale par pierres, carcasses et
troncs d'arbres ; là, par exemple, je conseillerais volon-
tier un déblaiement, il est bien probable que j'ai été
arrêté par un bouchon, plus ou moins épais, de matériaux détritiques masquant une prolongation verticale. Je me console en photographiant les charmantes

stalactites figées en cascatelles de cristal sur les parois
de la petite salle, et en constatant une nouvelle fan-
taisie du thermomètre, 6° C. La voilà décidément bien
ruinée l'ancienne théorie de l'uniformité de température des cavernes et de sa parité avec la moyenne
annuelle extérieure.

Passons au suivant :

3° C'est, à un kilomètre Nord-Est de la maison forestière de Lente, la soi-disant *glacière naturelle de Pré-
Courier*. Vers 1100 mètres d'altitude, une crevasse de
45 mètres de longueur, sur 15 de profondeur maximum
et 2 à 5 de largeur, s'ouvre par deux fois à la surface
du sol, et se termine par un étroit scialet intérieur re-
montant vers quelque troisième orifice bouché (v. figure, p. 216).

Les infiltrations de cette cheminée ont revêtu le
fond de la fissure des plus blanches et ravissantes concrétions ; le fond du scialet semble une petite chapelle
gothique ornée des plus riches arabesques de pierre.
C'est tout à fait exquis, malgré l'exiguité des propor-
tions.

Au plus creux du *gouffre ?* un bloc de glace achève
de fondre à la température de + 1° C.; il en est de
même d'un paquet de neige abrité sous le roc qui
forme pont naturel entre les deux ouvertures. Le garde
Lottier m'affirme que jamais on n'a vu aussi dégarnie
de neige la crevasse, où le poste forestier de Lente
s'approvisionne souvent de glace. Cela s'explique par
la chaleur de l'été, fort grande en 1899.

Aux alentours, le sol de la forêt est tout sillonné
d'analogues diaclases, plus ou moins visibles et profondes ; beaucoup doivent recéler de la neige, que la

forêt ombreuse laisse perpétuellement au frais. C'est
une contribution à l'explication de la basse températu-
ture du Cholet (6°5 à 7°5 au lieu de 9°5) comme pour
le Brudoux, les deux Guiers et les Gillardes du Dévoluy.

Si donc je ne découvre pas de nouveautés, j'ai au
moins la vive satisfaction de voir de plus en plus
s'ériger en véritables lois toutes les théories que m'ont
successivement suggérées mes précédentes recherches.

4° Au quatrième scialet visité, je n'enverrai nul visiteur, vu sa petitesse et son incommode accès : mais
son attrait hydrologique est considérable.

Au pied même et à 150 mètres de la maison forestière c'est, à 1070 mètres d'altitude, un de ces innombrables *pots* du bassin de Lente, qui engloutissent le
Brudoux lors des crues (v. Annuaire S. T D. 1896)
et ne lui permettent plus d'aller se jeter en énorme
cataracte par-dessus le col de la Machine. Il paraît
d'ailleurs que ce pot ne fonctionne plus à cause de son
niveau supérieur à celui des autres; de plus c'est *le
seul qui ne soit pas bouché* par un amas de cailloux
et terre végétale formant crible.

Bref, n'étant ni pot ni scialet, il s'ouvre tout rond, en
un entonnoir de 5 mètres de creux seulement, au fond
duquel, entre deux joints de stratification, on rampe
pendant 30 mètres dans une très basse galerie; là, par
de toutes petites diaclases verticales, un réel tire-bouchon s'est établi entre deux épaisses dalles calcaires
(v. coupe de détail), pour passer à un joint inférieur,
au delà duquel la distance des roches a contraint l'eau
à forer un très complexe passage et, vers une quin-

zaine de mètres sous terre, une assez vaste salle (10 mètres sur 15) d'éboulement ; un second tire-bouchon descend encore de 7 mètres dans une plus petite chambre, qui passe sous le premier tire-bouchon ; là, dans une direction Nord-Sud, exactement opposée à celle de la galerie supérieure, s'ouvre l'orifice, presque entièrement obstrué par une grosse pierre, d'un nouveau couloir, où nous croyons entendre, assez loin, le bruit d'une eau courante. Écoutons mieux... Pas de doute, c'est un ruisseau qui murmure, sans doute un des multiples filets, affluents du Cholet, sinon le Brudoux lui-même. La trouvaille serait amusante, d'ailleurs fort naturelle: On emploie deux heures d'acharné labeur, où Rémy Perrin témoigne d'une intelligence et d'une vigueur de premier ordre, pour extirper le malencontreux bloc et dégager l'orifice ; puis, il faut creuser la terre pour permettre aux moins obèses de notre escouade de se couler dans un abominable boyau de 10 mètres, au bout duquel, hélas, en débouchant dans une petite salle de 3 ou 4 mètres de hauteur, le suggestif bruit d'eau, qui nous a imposé si dure besogne, se réduit à deux petits suintements de voûte, sans importance !

C'est l'infiltration du trop-plein de la fontaine de la maison de Lente qui, absorbé dans le sol à 20 mètres de l'orifice extérieur du scialet, aboutit ici dans sa galerie inférieure par deux étroites crevasses du sol ! La température des deux eaux est la même au dehors qu'au dedans, 7°2.

Au bout de 20 mètres, la galerie si péniblement ouverte se termine en cul-de-sac par un *pot* souterrain, où l'usuel crible de pierres et d'ossements ne laisse

place qu'aux eaux d'infiltration. La profondeur atteinte
n'est que de 25 mètres en tout, et le développement de
l'ensemble des passages arrive à peine à 100 mètres.

Malgré ses faibles dimensions, ce *scialet de la maison
forestière* est bien instructif et révèle de quelle façon
les eaux cheminent, après leur absorption dans les
pots. La superposition et le croisement des deux galeries horizontales, presque dans le même plan vertical,
montrent l'utilisation des joints horizontaux de stratification ; — les tire-bouchons, enfin, expliquent comment
s'effectue le passage d'un étage à l'autre ; et, sur une
extension totale à vol d'oiseau d'une quarantaine de
mètres, la dénivellation arrive déjà à 25 mètres. Sup-
posons qu'à une demi-douzaine de zigzags, en gradins
analogues, succèdent, comme dans les abîmes des
Causses, deux, trois ou quatre étages d'avens intérieurs, superposés dans des diaclases élargies en bou-
teilles, comme aux Baumes-Chaudes (Lozère), à Ta-
bourel (Aveyron), à Vigne-Close (Ardèche), à la Crouzate (Lot), à Grand-Gérin (Vaucluse), etc., tous profonds de 90 à 190 mètres, et nous serons renseignés,
aussi exactement que possible, sur la manière dont les
infiltrations franchissent les 150 à 200 mètres de terrain, au maximum, qui les séparent du grand collecteur général du Cholet.

Pour en savoir davantage, il faudrait désobstruer
quelques-uns des autres pots et rechercher si l'un d'eux
ne livrerait pas à l'homme un plus large accès.

5° *Au scialet Félix* je n'ai, dans ma nouvelle descente
du 22 juillet 1899, que les menus détails suivants
à ajouter aux résultats de la première visite (14 juillet
1896). De plus rigoureuses observations barométriques

mettraient l'orifice à 1100 mètres plutôt qu'à 1090 d'altitude ; la profondeur n'est que de 105 mètres au lieu de 110 (ce qui, en somme, relève le fond à 995 mètres au lieu de 980) ; la température de la grande salle est, à 50 mètres sous terre, de 5°5 et tout en bas de 6°3 (1° de plus qu'en 1896) ; en examinant mieux le pot souterrain terminal (long de 8 mètres sur 4, au lieu de 6 sur 3) j'en trouve le sol composé de cailloux, d'argile, de sable, de stalagmite argileuse molle (mondmilch desséché) et de menus fragments noirs si friables (charbon ou bois décomposé) que je n'ai pu en ramener nul échantillon ; dans la paroi, sous la cascade stalagmitique qui est venue du gouffre, je découvre l'orifice d'un dernier petit puits, constellé de jolies stalactites et concrétions, et terminé par une impénétrable fissure, où les pierres descendent encore au moins de deux mètres ; toutes ces manifestations hydrologiques ont-elles été amenées et produites par les eaux engouffrées dans le scialet, ou au contraire par celles d'un bras souterrain du Brudoux ascendant jusqu'ici, au moyen d'une cheminée de trop-plein ? Ces eaux, de l'une ou l'autre origine, arrivent-elles encore parfois, à l'époque actuelle, à remplir ce cul-de-sac du scialet Félix ? A de telles questions je ne puis répondre que comme il y a trois ans : déblayez le fond du gouffre, et il est à peu près certain que, plus ou moins loin et bas, suivant la ligne des fissures naturelles, vous finirez par aboutir au cours souterrain du Brudoux-Cholet. Heureux celui qui, quelque jour, saura mener à bien cette longue et coûteuse entreprise.

6° Comme sixième scialet je suis retourné à la glacière de Fondurle ; revoyant au passage le splendide

coup d'œil de la Porte-d'Urle et constatant que ce col
ne doit être qu'à 1503 au lieu de 1523 mètres (cote de
la carte au 80,000e [1]) La fixité de la pression atmos-
phérique a donné ce jour-là (21 juillet) une sûreté par-
ticulière à mes lectures barométriques, repérées au
départ et au retour sur les deux cotes, 1087 (maison
de Lente) et 1405 (route de Vassieux), dont les termes
comparatifs se résolvent en 1503 pour la Porte-d'Urle ;
il se pourrait que la cote 1523 s'appliquât non pas au
col lui-même, mais au rocher qui s'élève immédiatement à l'Est.

En conséquence il faut rectifier comme suit mes altitudes de 1896, qui avaient été basées sur celle de
1523 à la Porte-d'Urle :

Origine du thalweg entre 1405 et ferme de
   Fondurle 1372m
Ferme de Fondurle. 1450
Glacière : Sommet des deux entonnoirs Est et
        Ouest. 1490
      Fond de l'entonnoir Ouest, au mur. 1475
      Milieu du tunnel. 1470
      Fond de la grotte 1445
Point culminant au-dessus de la glacière . . . 1500

Cela abaisse d'une vingtaine de mètres l'ensemble de

---

[1] Une rectification pareille en montagne n'a rien de surpre-
nant : sur la feuille de Briançon (Nord-Est) le roc du Grand-
Galibier est coté 3242 mètres ; un travail militaire de haute pré-
cision, que je ne puis désigner ici, a tout récemment établi que
cette altitude était de 3202 mètres seulement.

la glacière sans rien changer aux relations de ses divers points.

J'ai eu la surprise de trouver la caverne presque entièrement vide de glace ; il n'en restait plus que deux revêtements sans importance dans le fond ; confirmant bien, comme à la caverne neigeuse de Pré-Courier, la positive influence de la chaleur estivale sur la fusion de la glace souterraine ; mais me décevant singulièrement au point de vue photographique, les curieuses stalagmites de glace creuse vues en 1896 étant complètement disparues.

Et cependant la température était plus basse, 0° 5 (au lieu de 1° à 1° 5).

7° Enfin, sur le versant oriental de la forêt de Lente, et dans le haut plateau de Vassieux, j'ai exploré (27 juillet) le fameux *scialet de la Çèpe* (ou la Seppe, ou Croix de Sep). Au milieu d'un bouquet d'arbres, qui en entrave utilement le dangereux abord, il s'ouvre, à 2 kilomètres 1/2 au Sud de Vassieux (environ 1100 mètres d'altitude), à gauche et au bord de la route, entre les fermes de Courbier et de Robert, vers 1150 mètres d'altitude. C'était, au loin à la ronde, un diabolique épouvantail ; en 1894, il avait fallu 165 mètres de cordes pour aller y rechercher deux chiens et l'on n'avait pu en voir le fond ; en 1896, MM. du Parc et de Virieu y étaient descendus et y avaient rencontré, à 80 mètres de profondeur, un lac souterrain qu'ils n'avaient pu explorer faute de bateau.

En vérité, le gouffre n'a que 65 mètres de creux total : 5 pour l'entonnoir d'entrée, 40 pour une cheminée verticale et 20 pour une pente très rapide, aboutissant effectivement à l'eau.

L'entonnoir a dû jadis absorber les eaux de quelque grand lac local, dont le gouffre fut un partiel émissaire souterrain, tandis que le principal déversement s'effectuait par le thalweg, aujourd'hui sec, mais rempli de *pots* d'absorption, qui descend de Vassieux

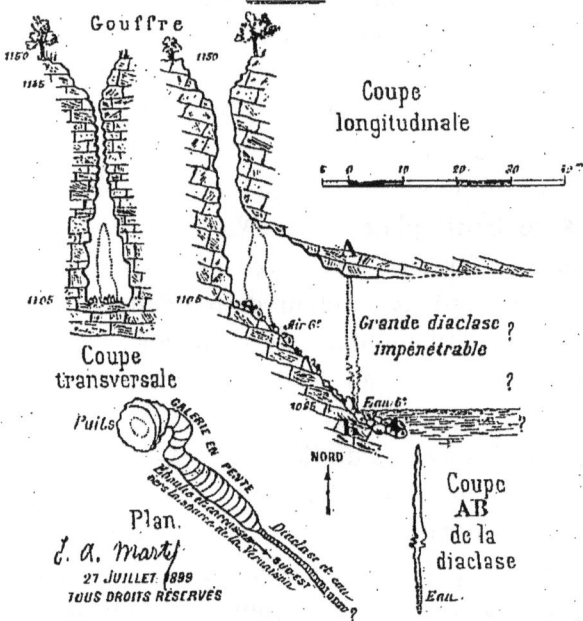

SCIALET DE LA CEPE OU LA SEPPE
(ou Croix de Sep) à Vassieux.*(DRÔME)*

à La Chapelle (comme le cas est encore fréquent dans le Jura et ailleurs) ; la cheminée est très commode à descendre avec une échelle de cordes, et constitue un admirable exemple de marmite de géants à rayures hélicoïdales d'érosion (v. le plan) ; elle débouche dans une grande diaclase, haute de 15 à 25 mètres, qu'en-

7

combre d'abord le très rapide et croulant talus (à 45°)
de pierres, branchages et carcasses, tombés ou jetés
par l'orifice, et qu'occupe ensuite un bassin d'eau que
j'ai eu le regret de ne pouvoir parcourir. Au point
où on y arrive, la diaclase n'a que 30 à 40 centimètres
de largeur, un bateau ne pourrait y passer ; et l'eau y
est trop profonde (plus de 3 mètres) et trop encombrée
de blocs et ossements branlants (prolongement de
l'éboulis) pour que l'on puisse s'y risquer à pied. A
une petite distance la crevasse semble s'élargir ; il en
est de même à 4 ou 5 mètres au-dessus de nos têtes ;
là, ses parois s'écartent bien d'un mètre ; mais nous ne
pouvons atteindre aux petites corniches, d'ailleurs bien
précaires, qui font saillie trop haut ! Pour dire qu'on
pourrait naviguer sur ce bassin, les visiteurs de 1896
ont-ils trouvé son niveau plus haut ou plus bas, en un
point moins étroit que celui qui m'a arrêté? Cela pourrait être, sans que rien cependant permette de l'affirmer. Tout ce que je puis dire, c'est qu'en criant dans
la galerie, il se produisait une résonnance prolongée,
comme dans les hauts aqueducs kilométriques de
Padirac et de Bramabiau, indice possible mais non
certain d'une étendue notable. Au magnésium j'ai cru
entrevoir au moins 20 ou 30 mètres de longueur ;
qu'y a-t-il au-delà? Mystère. Avec des crampons scellés
au roc ou des barres de bois mises en travers il sera
possible, non sans précautions, de se faufiler au-dessus
du bassin et d'y découvrir peut-être quelque important
réservoir.

Toujours est-il que ce réservoir, selon la loi générale des terrains fissurés, de jour en jour confirmée, se
présente sous les deux dimensions de la hauteur et de
la longueur, à l'exclusion de la largeur.

Il est alimenté non seulement par l'infiltration des pluies locales, mais encore par celles de marécages sans déversoir situés au Sud-Est du gouffre et qu'entretiennent des suintements de roches.

Température de l'air 6° C., de l'eau 5° C.

Autre note, toujours neuve et grave, tant qu'on ne l'aura pas fait taire : cette curieuse crevasse est certainement le sommet d'un réservoir de source, plus ou moins éloignée. L'abîme et le bassin sont encombrés de carcasses d'animaux qu'on y jette depuis un temps immémorial. Objurgué par moi de ne plus se prêter à cette funeste pratique, le paysan propriétaire de l'orifice me répond ingénument : « Eh ! ce ne sont pas les gens d'ici qui boivent l'eau du trou ; et j'ai toujours bien quarante sous à trois francs à gagner pour y laisser jeter une bête crevée ! » Après cela, demandez aux médecins d'où peut provenir telle ou telle épidémie... Pour trois ou quatre cents francs sans doute une forte grille scellerait la gueule du scialet (3 à 4 mètres de diamètre) et ne laisserait plus passer que les pluies ! Pour le moment il est présumable que le *bouillon de carcasses* de la Cèpe s'en va tout droit à la *source de la Vernaison*, située de l'autre côté de la montagne de Nève, à 3 kilomètres seulement du gouffre, dans la direction du Sud-Est (qui est justement celle de la diaclase), et probablement de 50 à 100 mètres plus bas que le niveau du bassin du gouffre !

Donc le scialet de la Cèpe exige trois choses :

1° L'analyse bactériologique des eaux de la source de la Vernaison ;

2° La coloration du bassin souterrain, en temps de

pluies, avec quelques kilos de fluorescéine pour voir si
la Vernaison sera teintée en vert ;

3° En tous cas la clôture du gouffre, qui doit cesser
d'être un charnier.

Tout ceci, je le confesse, n'est plus de l'alpinisme
sportique, mais c'est l'application utilitaire de ses voies
et moyens à l'hygiène et, j'ose dire, à la morale publique !

A cause de leur éloignement et de la difficulté d'y
transporter (faute de routes) le matériel d'exploration,
j'ai dû délaisser les *scialets Royer* (au pot de la Casse-
role, entre Vassieux et la maison de Lente) et de *Com-
blezine* (ou d'Ambel), de l'autre côté de la vallée de la
Lyonne, entre Bouvante et Léoncel (à l'Ouest, plus
accessible par Valence), qu'on m'a signalés comme
vastes et profonds.

Combien d'autres, encore ignorés, enfoncent dans la
montagne calcaire leurs drains colossaux ?

IV. — Les résurgences du Vercors.

Il faut un terme à ce long et trop technique mémoire. Aussi ne donnerai-je que peu de détails sur les
fontaines ou *résurgences* (ne disons pas *sources*), que j'ai
examinées l'été dernier au pied et au pourtour du
Vercors.

1° Le fameux CHOLET d'abord, mieux défendu que
le Brudoux, m'a fait piteusement battre en retraite.

Le trou de trop-plein, que j'avais estimé à 15 mètres
de hauteur au-dessus du bassin (v. Annuaire S. T. D.,
1896, p. 174) se trouve en réalité à 25 ; les 18 mètres

de fortes échelles, fabriquées par les soins de M. Et. Mellier et du garde communal Ombre, et descendues à grand'peine au fond si malaisé à atteindre de Combe-Laval, se trouvèrent trop courtes et même cassèrent net sous leur propre poids : vingt-quatre heures de vains efforts par une équipe de douze hommes (gardes forestiers et bûcherons), le dévoué concours de MM. O. Décombaz et Flusin, une nuit passée à la belle étoile sous le vent qui avait abattu la tente, n'aboutirent qu'au plus piteux échec. Le Cholet garde son secret. Cependant, au-dessus du déversoir aveuglé, situé à une centaine de mètres à l'Ouest du bassin, Rémy Perrin avec l'aide de Décombaz et Flusin, a pu, en brisant et déblayant des pierres, découvrir et visiter difficilement une sorte de cheminée de 20 mètres de hauteur, qui l'a mené à un tuyau cylindrique impraticable, rempli d'eau, à peu près au niveau du plus bas déversoir pérenne. C'est la cheminée d'ascension d'un autre trop-plein, et son examen diminue singulièrement l'espoir de trouver jamais, derrière la mystérieuse muraille, quelque longue et accessible galerie. D'autant plus que le premier trop-plein, qui nous a si brutalement repoussés, nous a paru, vu de haut en bas et à petite distance, s'enfoncer verticalement plutôt que se prolonger horizontalement. Si ce n'est qu'un tuyau de décharge supplémentaire, greffé sur un aqueduc à conduite forcée, adieu toutes chances de pénétration. Celles-ci se trouvent, au surplus, réduites encore par la structure géologique de la localité : car l'urgonien et le néocomien, au fond de Combe-Laval, plongent fortement vers le Sud. Il est probable que, pour émerger au dehors, le Cholet doit remonter, en vase communicant, le long d'un plan incliné de marnes néocomiennes, dans une cheminée d'ascension comme Vaucluse.

En l'état, il faudra, pour parvenir à l'orifice du premier trop-plein, sceller des crampons dans la lisse muraille de 25 mètres, qui surplombe presque le bassin de sortie du Cholet. Au delà du seuil jusqu'à présent si narquois, une douzaine de mètres d'échelles de cordes, pour arriver au niveau du déversoir pérenne, diront si l'entreprise doit aboutir à l'impossibilité et déception définitives, ou si quelque providentiel élargissement peut conduire à des kilomètres d'antres vastes aux cascades tonnantes ?

J'ai à modifier quelque peu les altitudes de 1896. On a vu plus haut que le plus bas point du col de la Machine est à 1015 mètres (au lieu de 1000); la maison Brey (actuellement Faravallon) sur la nouvelle route est à 1005 mètres ; le *très mauvais* sentier qui descend au Cholet se détache de cette route à 994 mètres. Le bassin du Cholet est à 787 mètres (au lieu de 770, ce qui laisse bien à la falaise 228 mètres de hauteur verticale, au lieu de 230 trouvés en 1896 et 300 donnés par Joanne); le déversoir pérenne est à 799 ou 800 mètres (la cascade a donc 12 mètres de haut et non pas 8); le déversoir supérieur ou trop-plein, à 812 mètres environ ; le point principal de jaillissement de la source aveuglée (éboulis de pierres couvertes de mousse), à 2 mètres plus haut que le déversoir pérenne (sommet de la cascade), est à 801 ou 802 mètres et de plus de 10 mètres, par conséquent, en contre-bas du trop-plein, contrairement à ce que j'avais dit d'abord (Annuaire 1896, p. 175), et l'orifice de la cheminée débouchée à 815 mè-

X. — Lac souterrain de Gournier (Isère).
(Phot. de l'auteur; — au magnésium.)

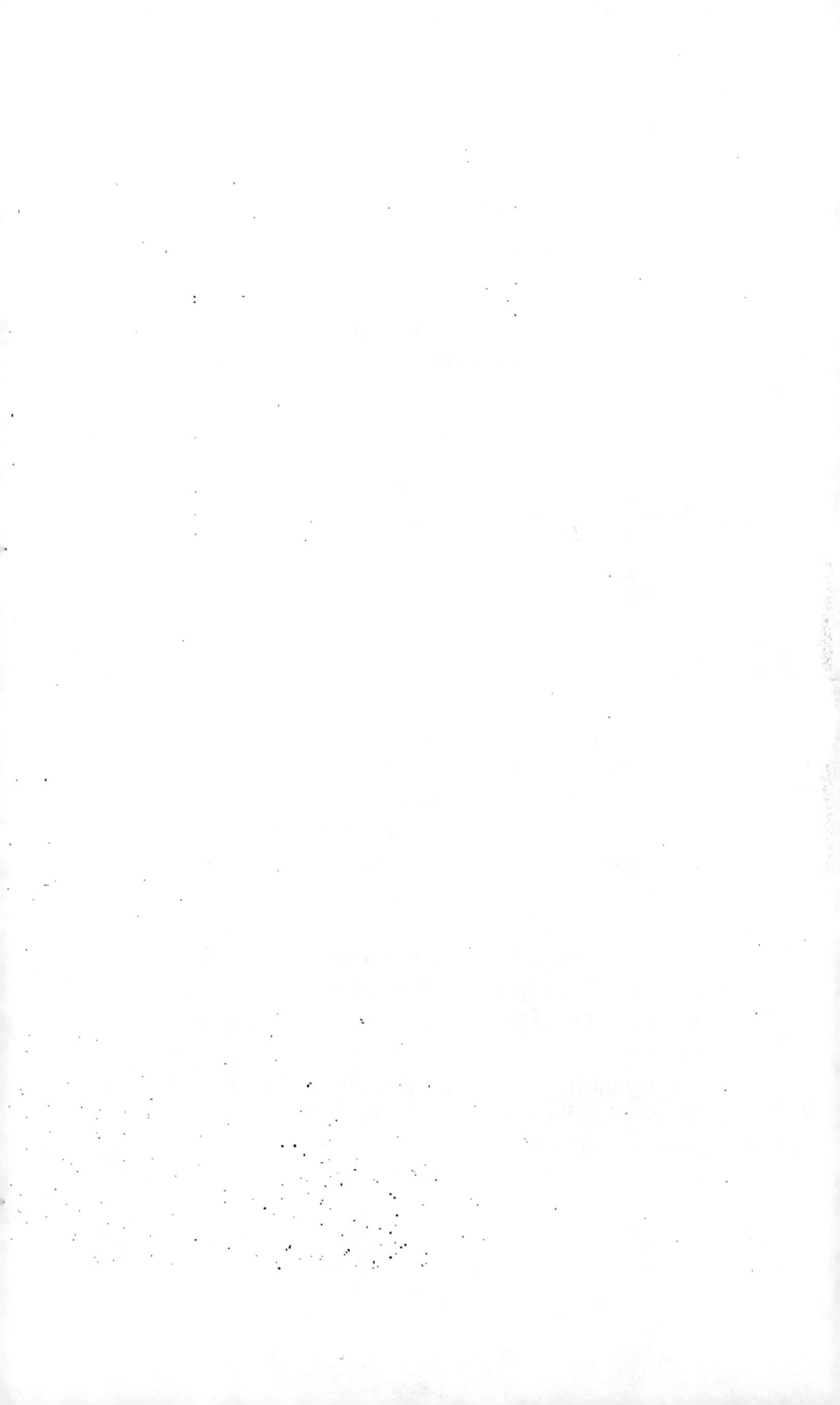

tres environ. Ainsi s'explique, par la seule inspection
de la figure schématique ci-contre, le jeu des crues du

COUPE SCHÉMATIQUE DE LA FONTAINE A TROP PLEIN DU CHOLET

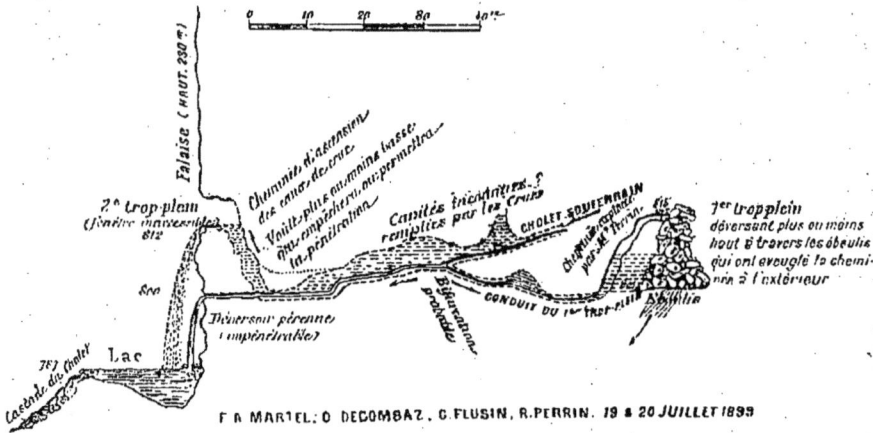

F. A. MARTEL: O. DECOMBAZ, C. FLUSIN, R. PERRIN. 19 & 20 JUILLET 1899

Cholet : le déversoir pérenne commence par gonfler,
puis la source aveuglée se met à jaillir de plus en plus
haut à travers les éboulis qui ont masqué, *aveuglé*, sa
primitive sortie ; enfin le trop-plein inaccessible dé-
gorge à son tour, en dernier lieu, le tout conformément
aux relations d'altitude des différents points de sortie
et disposé en un vrai *delta* vertical à trois degrés.

Le 20 juillet la température du bassin était de 7°5 C.
(au lieu de 6°5 en juillet 1896), élévation due sans
doute à l'exceptionnelle disparition des neiges et glaces
dans les crevasses supérieures, que nous avons cons-
tatée à Fondurle et à Pré-Courier ; la profondeur du
bassin sondé, à l'aide du bateau Osgood, est, au point
le plus creux, de 6 mètres seulement.

2° SOURCES DE CHORANCHE. — Comme l'a si bien montré M. Décombaz, les diverses sources du pittoresque cirque de Choranche ne sont que les résurgences des absorptions du plateau de Presles (Mém. Soc. Spéléol., n° 22). Leurs cascatelles ont accumulé dans le cirque les plus étranges et puissants dépôts de tufs. Là-dessus je ne puis que renvoyer au méritant et original travail de mon aimable collègue et guide en cette région.

Je n'ai visité, sous sa conduite, que la grotte-source de Gournier, dont le ravissant lac vert émeraude m'a positivement émerveillé : c'est un indescriptible tableau que ce grand bassin de 50 mètres de longueur, retenu ainsi dans les entrailles de la roche calcaire, et mystérieusement éclairé par le plus poétique. des demi-jours. Il est à l'altitude de 565 mètres environ, à 285 au-dessus de la route de Choranche, et sa température égale 8° 8 (le 28 juillet), de deux degrés trop basse pour l'altitude, ce qui confirme bien sa provenance élevée. Je pense, comme M. Décombaz, qu'à l'aide d'une échelle, toutefois bien difficile à placer, il ne serait pas impossible, en s'élevant dans les étroites crevasses du fond, de découvrir des prolongements plus haut placés (v. vue X).

3° BOURNILLON (18 juillet). — Tout ce que je puis ajouter à la complète description de M. Décombaz (Mém. Soc. Spéléol., n° 13), c'est qu'il a bien découvert et exploré ici la plus vaste, la plus belle et la plus importante, à tous les points de vue, des grottes du Dauphiné.

Son étendue (1455 mètres), sa puissante rivière in-

térieure, ses trop pleins multiples, les dimensions de
ses galeries, leurs belles concrétions et surtout l'im-
mensité de son porche de sortie, haut peut-être de
100 mètres, font de Bournillon une des plus remarquables cavernes de France. Son aménagement, à
l'usage des curieux et des savants, s'impose et ne peut
qu'accroître le mouvement des touristes en Royannais.

La sortie surtout m'a vivement intéressé, parce

COUPE DE LA SORTIE DE BOURNILLON
(ISÈRE) et Théorie de sa formation

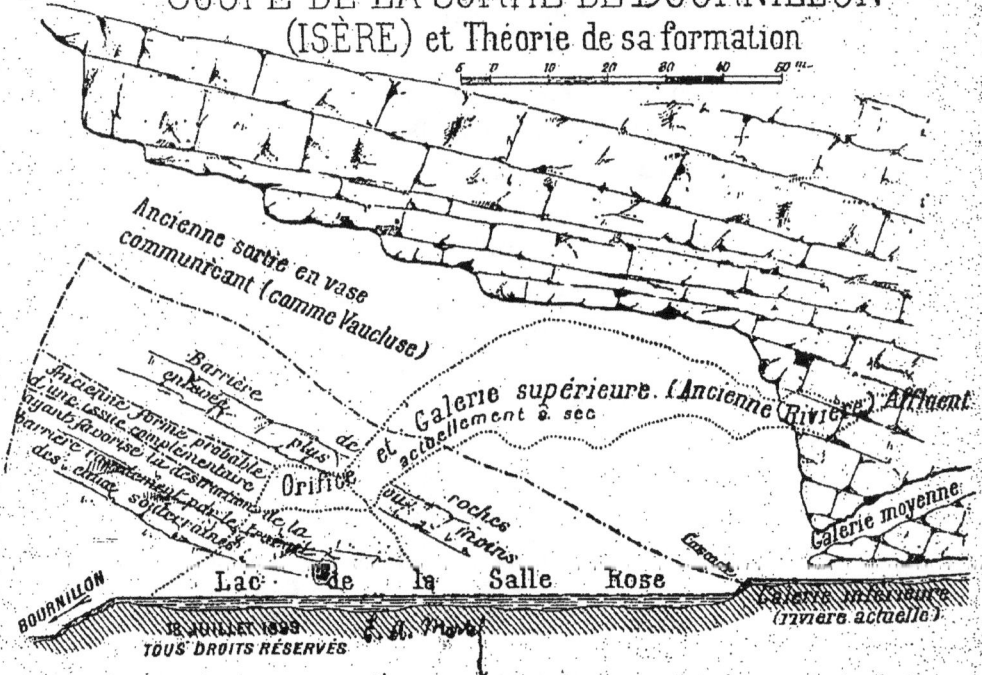

qu'elle est bien probablement le produit d'une souterraine explosion d'eau, abattant le pan de muraille qui
jusqu'alors avait endigué les crues intérieures ; con-

formément à ce qui s'est réalisé à la Balme (v. *suprà*,
p. 181) et à ce qui surviendra quelque jour à Vaucluse.

La coupe en gradins renversée de la voûte, les
énormes éboulis accumulés dans la ravine extérieure,
la profondeur de la vallée de la Bourne contiguë, la
grandeur de la galerie principale (ancien lit souterrain) et la figure ci-contre expliquent nettement
comment a dû se produire cette colossale destruction
de barrage naturel. Elle a eu pour effet l'enfouissement du torrent souterrain, dans des canaux plus bas
placés, jusqu'à présent inaccessibles, et le remplace-
ment d'un tube ascendant de vase communicant
par une des plus imposantes entrées de grotte qui exis-
tent au monde.

L'altitude du seuil de Bournillon est de 405 à
410 mètres.

J'ai trouvé les températures suivantes :

Lac de sortie, eau...................... 9° C.
Cascade intérieure, eau................. 8° C.
Bassin de suintement, grande galerie, eau. 14° C.
Air, grande galerie..................... 15° C.

Ainsi, l'air chaud montant de la vallée de la Bourne
élevait considérablement la température des parties
supérieures de la caverne et de leurs eaux stagnantes ;
tandis que, dans les étages bas, le torrent coulait
avec la faible température prise à ses points élevés
d'alimentation, sans doute les absorptions de la haute
forêt du Vercors, à l'Est de Saint-Julien.

4° A la fameuse GOULE-NOIRE, j'ai pu convaincre

mon ami Décombaz qu'il devait renoncer à sa primitive idée d'une simple réapparition de la Bourne, en ce point. Là, en effet, le thermomètre, une fois de plus, nous a permis de tirer les plus précieuses déductions ; en amont de la grotte (pénétrable sur une faible étendue seulement jusqu'aux voûtes mouillantes), la Bourne était (28 juillet) à 11° 7 C. ; en aval, après le confluent, à 8° 5, parce que l'eau de Goule-Noire elle-même marquait seulement 7° 2.

Les deux eaux ne sauraient donc avoir la même provenance, et l'origine de Goule-Noire doit être recherchée (ce que se propose de faire M. Décombaz) dans les points d'absorption du plateau d'Autrans.

Le seuil de Goule-Noire est à 675 mètres environ d'altitude.

5° A l'autre bout du Vercors, vers son extrême angle Sud-Est, au pied de la montagne de Glandasse (2025 mètres), sur le territoire de Châtillon-en-Diois, j'ai voulu voir la fontaine capricieuse et réputée d'Archianne où « de curieuses grottes renferment un petit lac ». La splendeur du vaste amphithéâtre rocheux d'Archianne encaissé de plus de 1000 mètres aux pieds du puissant bastion calcaire dénommé Jardin du Roi 1805 mètres), le resserré défilé des Gas, tout voisin, ensemble deux des plus beaux sites du Dauphiné, et la charmante cordialité du maire de Châtillon, M. Pascal, qui m'en a fait les honneurs, m'ont procuré là une délicieuse journée, en compagnie de M. E. Mellier (19 août). Mais aux grottes d'Archianne même, les touristes, auxquels on ne saurait trop recommander la double et superbe excursion ci-dessus, *n'ont absolument rien à voir.*

Pour moi, j'y ai du moins trouvé la raison des varia-
tions du niveau de la fontaine, toujours par le système
de trop-pleins.

Ici il y a quatre orifices superposés. Le plus bas est
double et envoie de l'eau par deux points d'émergence
(pérennes), assez rapprochés, à 747 mètres d'altitude.
Le deuxième tarit rarement, à 755 mètres, juste sous
la route. Ces trois trous sont impénétrables, aveuglés
par des éboulis, et j'ai trouvé leur eau à 6°7.

Le troisième étage est la grotte d'Archianne, que la
figure ci-contre me dispense de décrire ; on y pénètre

COUPE SCHÉMATIQUE DE LA SOURCE D'ARCHIANNE
(DRÔME)

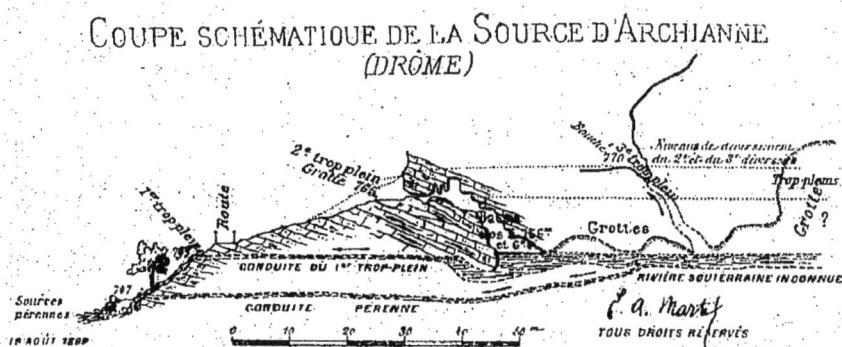

à 765 mètres d'altitude, et 7 mètres d'échelles de cordes suffisent pour descendre à l'étroit bassin d'eau
(soi-disant insondable et inaccessible), tellement ré-
tréci à 5 ou 6 mètres de distance, que ni bateau ni
homme ne peuvent aller plus loin (température 6°2).
Une fois de plus c'est la cheminée ascensionnelle de
Vaucluse, du Guiers-Vif et du Cholet ; grâce au pendage des couches de terrain, l'eau s'y élève entre les
joints disloqués, quand, à l'intérieur de la montagne
elle s'est accumulée, à un niveau supérieur, dans les

fissures-réservoirs de l'urgonien. Ces eaux viennent
bien des hauts plateaux à crevasses neigeuses, puisque
leur normale température devrait être supérieure à
9°5, d'autant plus qu'elles sourdent en plein midi (air
extérieur à 21°). C'est tout pour la grotte, longue d'une
vingtaine de mètres.

Le quatrième déversoir est à une centaine de mètres
de distance et 5 mètres plus haut placé (770 mètres).
Il faut dans l'intérieur de la montagne un surremplis-
sage au moins égal à ces 5 mètres pour qu'il se mette
à jaillir.

Un bel auvent de rochers le recouvre, donnant l'illu-
sion d'une entrée de grotte ; malheureusement l'extrême fissuration de la roche la rend aisément réduc-
tible en menus fragments, qui rebouchent complètement, après chaque flux, le canal d'ascension de l'eau.
Ici, comme partout, le déblaiement s'impose, sans
succès assuré d'ailleurs, si l'on veut tenter une plus
lointaine pénétration.

Que si l'on me reproche la longueur et la monotonie
du présent travail, j'alléguerai pour excuses que j'ai
voulu, d'une part, bien multiplier les exemples de lois
hydrologiques de plus en plus démontrées, — et prê-
cher d'exemple, comme il y a trois ans, pour la fructueuse extension, encore si pleine de promesses, des
recherches souterraines dans nos chères montagnes du
Dauphiné.